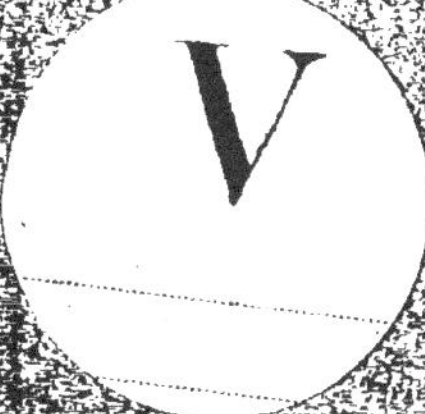

ABRÉGÉ
D'ARITHMÉTIQUE,

PAR

LES ÉLÈVES DE L'ÉCOLE NORMALE
DES HAUTES-ALPES

ALLEC. CHABAL. LEAUTIER. PEYRON.
ARDENQ. CHALLIER. LOMBARD. QUETIN.
BARTHÉLEMY. CHAMBO. MARIN. RAMBAUD.
BÉGOU. CLARY. MARTIN, E. REYNIER.
BERLIE. CLARY. MARTIN, P. ROCHAS.
BERNOU. COLOMB. MATHIEU. ROGOU.
BERTHON. ESCALLIER. MANUEL. ROUX.
BERTRAND. ESMIEU. MICHEL. ROUX, A. L.
BLANC. ESPITALLIER. MEYNAUD. ROUX, SCIP.
BOISSERANC. FEUTRIER. MOTTE. SILVESTRE.
BONFILS. GARCIN. PAILLIAS. SARRASIN.
BOUILLET. GIRAUD. PELLET VAGNAT.
BOURCIER. HOSTACHE. PELLISSIER. VASSEROT.
BOYER. JACOB. PEYRAS. VINCENT.

REVUE PAR LES ÉLÈVES (1843).

ANDRÉ. GARCIN. ARNAUD, ALEX. MEYER.
ASTIER. JOUBERT. ARNAUD, J.-JOS. PHILIP.
BÉGOU. MARCHAND. CHEVALLY.
DAVIN. MEISONNIER. GARNIER.

QUATRIÈME ÉDITION,

REVUE PAR LES ÉLÈVES DE 3e ANNÉE (1847).

AUGIER. CORRÉARD. MOURRE. ROUSTAN.
REYNET. GUILLET. RICHARD.
CHABERT. JAUSSAUD. RICOU.

A GAP,
CHEZ ALFRED ALLIER ET Cie, LIBRAIRES,
RUE DE PROVENCE.

1847.

Chaque exemplaire doit être revêtu de la signature de l'Éditeur.

Gap. — Imprimerie d'Alfred ALLIER.

TABLE OU SOMMAIRE.

NOTA. *Cette table est destinée à servir pour l'enseignement de l'ouvrage. Elle met sous les yeux tous les articles de la théorie, et en regard, les applications et développements qui s'y rapportent et qui sont contenus dans une seconde partie que nous intitulons* Supplément. *Lorsque l'élève commence à être initié à l'arithmétique, le maître doit le faire répondre de vive voix et par écrit, aux articles de la table, comme pour lui faire recomposer le livre : ce qui exerce le raisonnement de l'élève et lui apprend à exprimer ses pensées. On ne négligera pas les applications : outre qu'elles ont une grande utilité en elles-mêmes, elles aident beaucoup pour la théorie en fixant les idées.*

Fractions.

26 Fractions.
27 Une fraction peut être considérée comme un quotient. — On peut mettre en fraction un reste dans la division.
28. Troisième point de vue sur lequel peut être considérée une fraction.—On peut donner l'unité pour dénominateur à un nombre entier.
29 Extension de la définition de la multiplication et de la division.
30 Variation du numérateur et du dénominateur.
31 Multiplication et division des fractions.
32 Addition et soustraction des fractions. — Les fractions ne changent pas de valeur. — Elles acquièrent le même dénominateur.
33 Réduction d'un nombre entier en fraction.
34 On peut intervertir l'ordre de plusieurs facteurs, lors-même qu'ils seraient des fractions.
35 Il peut y avoir des unités dans une fraction.—Les extraire.
36 Une fraction peut souvent se réduire à une expression plus simple.
37 Diviseur ou sous-multiple, ou partie aliquote.
— Multiple. — Commun diviseur. — Plus grand commun diviseur.

(26) Développements.
(27) Conversion d'une fraction en un nombre décimal.
(31) Applications.
(32) Applications.
(33) Applications.—Mélange des quatre règles. — Moyen de s'exercer. — Les nombres décimaux sont de véritables fractions.

ABRÉGÉ

D'ARITHMÉTIQUE.

1. L'ARITHMÉTIQUE est une science qui s'occupe des nombres.

2. On appelle *nombre* la réunion de plusieurs objets égaux ou considérés comme égaux, et chacun de ces objets prend le nom d'unité.

3. Il y a deux sortes de nombres : le nombre *concret* et le nombre *abstrait*. Le nombre concret est celui dont les unités sont d'une espèce déterminée comme quinze moutons, dix-huit sous. Le nombre abstrait est celui dont les unités sont d'une espèce indéterminée, comme vingt, quarante-deux. Le mot *fois* ne détermine pas l'espèce : ainsi quinze ou quinze fois est un nombre abstrait.

4. La numération est *l'art d'exprimer les nombres*. On les exprime par la parole ou par l'écriture ; ce qui fait la numération *parlée* et la numération *écrite*. (Pour la numération parlée voir le supplément.) Pour exprimer les nombres par l'écriture on se sert de neuf caractères qu'on appelle *chiffres*, qui sont : 1, 2, 3, 4, 5, 6, 7, 8, 9. On pose ces chiffres à différents rangs ou places qu'on marque par un dixième caractère o appelé zéro. A la première place ils valent des unités simples, c'est-à-dire telles que nous les

avons considérées d'abord; à la seconde à gauche, des unités du *second ordre*, ou dix fois plus grandes que celles du premier ; à la troisième, des unités du *troisième ordre*, ou dix fois plus grandes que celles du second, etc. Ces sortes d'unités s'appellent : *unités*, *dixaines*, *centaines*, *mille*, *dixaines de mille*. etc. Quand les chiffres marquent eux-même les places, il n'est pas nécessaire d'employer des zéros. Si je veux écrire 3 centaines je mettrai 300 ; mais si avec les 3 centaines, je veux encore écrire 5 dixaines et 4 unités, je mettrai 354, et les zéros deviennent inutiles.

Souvent on met une virgule à côté de la place des unités, et on écrit encore des chiffres à droite de cette virgule; ces chiffres expriment des unités qui sont de dix en dix fois plus petites; ils s'énoncent en prenant la terminaison *ième* au lieu de *aine* qui sert à gauche de la virgule. Ces chiffres s'appellent les chiffres décimaux ou des *décimales*. Au lieu de donner à chaque chiffre son nom particulier, on donne au tout le nom de l'unité du dernier ordre, en convertissant convenablement le tout en unités de cet ordre. Dans 34,832 au lieu de dire 34 unités, 8 dixièmes, 3 centièmes, 2 millièmes, on dit 34 unités 832 millièmes.

Un nombre qui a des décimales est appelé *nombre décimal*, et celui qui n'a que des unités complètes, *nombre entier*.

5. Lorsque dans un nombre on fait faire un pas à la virgule à gauche, il devient dix fois plus petit, car toutes ses unités changent d'ordre; et si on la fait aller à droite, le nombre devient dix fois plus grand.

6. Quand il n'y a pas de virgule dans un nombre elle est censée être à la fin. Lorsqu'on écrit un zéro ou deux à la suite d'un nombre qui n'a pas de virgule écrite, on le rend dix fois, cent fois plus grand: parce qu'on fait mouvoir la virgule idéale.

Addition.

7. L'addition *est une opération qui a pour but de réunir plusieurs nombres de même espèce en un seul*; le résultat s'appelle *somme* ou *total*. Pour faire l'addition on place les nombres de manière que les unités de même ordre soient en colonne, et l'on additionne chaque colonne séparément, en commençant par la droite. Si le résultat d'une colonne surpasse neuf, on le décompose en unités de l'ordre de la colonne où l'on est, que l'on écrit à cette colonne, et en unités de l'ordre suivant, que l'on porte à la colonne suivante.

Soustraction.

8. La soustraction *est une opération qui a pour but de retrancher un nombre d'un autre* de même espèce; le résultat s'appelle *reste*, *excès* ou *différence*. Pour faire la soustraction, on place

les nombres comme dans l'addition, mais de manière que le nombre à retrancher soit par dessous. On retranche successivement les chiffres les uns des autres en commençant par la droite. Si le chiffre inférieur est plus fort que le supérieur, on emprunte au chiffre suivant une unité qui en vaut dix de l'ordre où l'on est, on a soin de compter un de moins au chiffre qui a prêté, ou un de plus au chiffre inférieur, ce qui est plus commode dans la pratique. Si le chiffre qui doit prêter est un zéro, il faut imaginer qu'il emprunte lui même une unité qui en vaut dix; en prêtant il se réduit à neuf, ou bien il demeure dix si l'on compte un de plus au chiffre inférieur.

9. On appelle *preuve* d'une opération, une seconde opération servant à faire connaître si la première est exacte. La preuve de l'addition se fait en additionnant les colonnes par la gauche, et les retranchant du premier résultat; il est évident qu'il ne doit rien rester. La soustraction se prouve en additionnant le petit nombre avec le reste; l'on doit trouver le grand.

Multiplication.

10. La multiplication est *une opération qui a pour but de répéter un nombre appelé multiplicande autant de fois qu'il y a d'unités dans un autre appelé multiplicateur*; le résultat s'appelle *produit*. Quand on ne veut pas distinguer le mul-

tiplicande du multiplicateur on les appelle conjointement *facteurs*.

Pour bien faire sentir la définition de la multiplication, chose si importante, nous dirons que celui qui mettrait des poignées de sous dans un sac, pour payer ses ouvriers, en supposant qu'il en mette une poignée pour chaque ouvrier, ferait une véritable multiplication. La poignée de sous, qui sera peut-être de 15, est le multiplicande ; le nombre d'ouvriers, qui est peut-être de 7, est le multiplicateur, et le sac est le produit.

11. On peut dire aussi que la multiplication a pour but de rendre le multiplicande *autant de fois plus grand* qu'il y a d'unités dans le multiplicateur: car le sac est sept fois plus grand que la poignée.

12. Nous remarquons que si la poignée devient deux fois plus grande, le sac le devient. Si la poignée ne changeant pas, le nombre d'ouvriers croissait, le sac croîtrait aussi : c'est-à-dire que *le produit croît* quand on fait croître l'un des facteurs; de même il diminue quand un facteur diminue.

13. Pour faire la multiplication on place le multiplicande dessus, et le multiplicateur dessous. Si le multiplicande et le multiplicateur n'ont qu'un chiffre chacun, ont fait la multiplication au moyen de la table de Pythagore, ou *livret*, où sont réunies toutes ces multiplications. Si le multiplicande a plusieurs chiffres, on prend chaque chiffre du multiplicande autant

de fois qu'il y a d'unités dans le multiplicateur, et si le résultat surpasse neuf, on le décompose comme dans l'addition. Si le multiplicateur a plusieurs chiffres, quand on multiplie par le second, attendu qu'il est dix fois plus grand que s'il était au premier rang (4), son produit doit être dix fois plus grand (12), et pour le rendre dix fois plus grand on l'avance tout d'un rang. Pour un troisième chiffre, on fait de même et l'on ajoute ensuite les produits partiels.

14. Le produit de plusieurs facteurs ne change pas dans quelque ordre qu'on fasse la multiplication. Soit : 4. 7. 2. 5.

4. 7. 2. 5
1. 7. 2. 5
1. 1. 2. 5
1. 1. 1. 5
1. 1. 1. 1
1. 5. 1. 1
1. 5. 1. 2
7. 5. 1. 2
7. 5. 4. 2

Si j'écris comme on voit ci-contre, je rends ce produit d'abord 4 fois plus petit, car un facteur est devenu 4 fois plus petit, ensuite 7 fois, 2 fois, 5 fois plus petit. Maintenant si je le rends 5 fois, 2 fois, 7 fois, 4 fois plus grand, je lui fais parcourir en sens inverse tous les états de grandeur par lesquels il a passé en descendant, donc il reprendra sa première valeur. Or pour le rendre 5 fois plus grand, je puis mettre le 5 à la place que je veux, le 2 à la place que je veux, etc. et je fais paraître les facteurs dans un autre ordre.

15. Quand on multiplie des nombres qui ont des zéros à la fin, on peut les négliger et les écrire tous à la suite du produit; car si on en a négligé deux au multiplicande, il est devenu cent fois plus petit (6); le produit sera donc cent fois plus petit (12). Pour corriger l'erreur il faudra mettre deux zéros. Même raisonnement que pour le multiplicateur.

Division.

16. La division est *une opération qui a pour but de trouver un facteur; quand on connaît le produit et l'autre facteur*. Le produit prend le nom de *dividende*, le facteur connu celui de *diviseur*, et le facteur cherché celui de *quotient*.

Soit 227232 à diviser par 432. Le dividende renferme les produits partiels du diviseur par chaque chiffre du quotient. Si celui qui a fait la multiplication avait laissé en évidence les produits partiels comme on le voit ici :

```
  2592|
  864 |
2160  |
------|
227232| 432
      |----
        5
```

nous dirions : quel est le chiffre qui multipliant 432 a donné 2160? Je vois que c'est 5. On ferait de même pour les autres chiffres.

Mais s'ils sont effacés, comme ici :

```
      . . .
      . . .
      . . .
      ------
   2272.32 | 432
           |-----
```

il faudrait tâcher de les distinguer. Je remarque que le chiffre le plus à gauche dans le quotient a donné le produit partiel le plus à gauche ; de plus que ce chiffre étant au moins égale à 1, a donné un produit au moins égal au diviseur. Je sépare donc un nombre 2272 au moins aussi grand que le diviseur, et je dis : quel est le chiffre qui multipliant le diviseur a donné 2272, ou à peu près? Je vois que c'est 5 Pour avoir le second chiffre du quotient il faudrait avoir le second produit partiel, mais il est masqué par le premier; il faut donc former le premier d'une manière exacte et le retrancher ; alors le second deviendra le premier et nous raisonnerons sur lui comme sur le premier. Nous remarquons qu'il est même plus facile à décrouvrir, car il avance d'un rang de plus vers la droite (13). Cette dernière remarque est même la seule applicable quand il doit y avoir zéro au quotient.

17. La tranche séparée est ordinairement plus forte que le produit partiel, à cause des produits suivants qui l'augmentent; mais ils ne l'augmentent pas assez pour faire trouver un 5, par

exemple, au quotient, quand ce ne devrait être qu'un 1. En effet tous les chiffres qui suivent le premier chiffre du quotient, ne valent pas une unité de l'ordre du premier chiffre; leurs produits ne peuvent donc augmenter le premier produit autant que le produit de cette unité.

Souvent quand on fait la division il y a un reste; il faut le considérer, pour le moment, comme un nombre que l'on a ajouté au produit, après la multiplication.

18. La division peut encore être considérée sous différents points de vue, savoir: comme ayant pour but de *partager le dividende* en autant de parties égales qu'il y a d'unités dans le diviseur: ou bien, comme ayant pour but de *chercher combien de fois* le diviseur est contenu dans le dividende; ou bien encore, comme ayant pour but de *rendre le dividende autant de fois plus petit* qu'il y a d'unités dans le diviseur. Pour s'en rendre compte, il n'y a qu'à voir (par un raisonnement) que le quotient obtenu de toutes ces manières, multipliant le diviseur, donnerait le dividende.

19. Pour faire la preuve de la multiplication, on divise le produit par un des facteurs et l'on doit trouver l'autre; et pour faire celle de la division, on multiplie le diviseur par le quotient, et l'on doit trouver le dividende. (On ajoute le reste s'il y en a un).

Nombres décimaux.

20. L'addition et la soustraction des nombres décimaux se font *comme dans les nombres entiers*, c'est-à-dire, que les retenues et les emprunts se font par dixaines, attendu que les chiffres décimaux ont entre eux la même loi d'accroissement que dans les nombres entiers.

21. La multiplication des nombres décimaux se fait *comme dans les nombres entiers* et l'on sépare au produit *autant de chiffres décimaux qu'il y en a dans les deux facteurs*. La raison en est que, si le multiplicande a trois chiffres décimaux, par exemple, et si le multiplicateur en a deux, la virgule oubliée a rendu le multiplicande 1000 fois plus grand, et par conséquent le produit, parce qu'un facteur a cru. Pour corriger l'erreur on séparera trois chiffres décimaux. La virgule oubliée, dans le multiplicateur, l'a rendu 100 fois plus grand et par conséquent le produit. Pour corriger l'erreur il faut encore faire faire à la virgule deux pas à gauche.

22. La division des nombres décimaux *se fait en portant la virgule à la fin dans le diviseur, lui faisant faire dans le dividende autant de pas qu'elle en a fait dans le diviseur, et divisant ensuite, en mettant au quotient la virgule quand on la rencontre dans le dividende*. En effet, le mouvement de la virgule ne change pas la

valeur du quotient, parce qu'en portant la virgule à la fin dans le diviseur, on l'a rendu dix fois plus grand ou cent fois, etc et en lui faisant faire dans le dividende autant de pas qu'elle en a faits dans le diviseur, on l'a aussi rendu dix fois ou cent fois plus grand, etc. : par conséquent le quotient ne sera pas altéré, car le dividende contiendra le diviseur autant de fois qu'auparavant (18). Il faut avoir au quotient autant de décimales qu'au dividende, attendu que le diviseur n'en a point, et que le diviseur et le quotient doivent en avoir autant que le dividende qui est leur produit (21). On en aura autant en mettant la virgule quand on la rencontre, car à chaque chiffre on en trouve une.

23. Si l'on veut avoir plus de décimales au quotient qu'il y en a dans le dividende, on en forme au dividende avec des zéros. Ceci peut se faire aussi dans le cas où il n'y en aurait point ; c'est-à-dire que l'on ajoute un zéro, deux zéros, etc., au dividende, pour avoir une décimale, deux, etc., au quotient.

Système des nouvelles mesures.

24. L'unité de longueur ou qui sert à mesurer les longueurs est le *mètre* : c'est la dix-millionième partie du quart du Méridien terrestre. Il se divise en dixièmes, centièmes, etc., qu'on appelle *décimètre, centimètre, millimètre*, etc. On a aussi

donné des noms aux multiples décimaux, c'est-à-dire, à un assemblage de dix mètres, de cent mètres, de mille mètres, etc. On les a appelés *décamètre, hectomètre, kilomètre, myriamètre*; en prenant dans le grec les mots qui signifient dix, cent, mille, dix-mille.

L'unité de surface est appelée *are*, c'est un carré de dix mètres de côté; ses subdivisions décimales sont : *déciare, centiare*, etc., et ses multiples décimaux, *décare, hectare, kilare*, etc.

L'unité de solidité, ou de volume, ou de capacité est le *litre*, c'est un décimètre cube. Les noms de ses subdivisions et de ses multiples se composent comme ci-dessus. Nous remarquons que quand il s'agit de mesurer de grands volumes, comme des maçonneries, des bois, on se sert du mètre cube pour unité; et il prend quelquefois le nom de *stère*.

L'unité de poids est le *gramme*; c'est le poids d'un centimètre cube d'eau, bien pure (distillée), réduite à son *maximum* de densité, c'est-à-dire, pesée à un degré de température où elle occupe le moins de volume; c'est un peu au-dessus de glace. Les noms des subdivisions décimales sont encore comme ci-dessus: *décigramme, centigramme*, etc. et en-dessus : *décagramme, hectogramme, kilogramme, myriagramme*.

L'unité monétaire est le *franc*, c'est un lingot d'argent du poids de cinq grammes contenant un dixième de cuivre. Les noms de ses décimales s'écartent un peu de la règle générale, car au lieu de dire décifranc, centifranc, on dit *décime*, *centime*, *millime*, etc. et ses multiples décimaux n'ont pas reçu de nom.

Les mots ci-dessus sont plus ou moins usités suivant les besoins du commerce ; mais il est bon de les considérer tous, même ceux qui ne sont pas usités, afin d'avoir un système complet qui se saisit mieux.

25. Puisque les nouvelles mesures sont subdivisées en décimales, on n'a pas besoin de donner des règles particulières pour les opérations à effectuer sur les nombres provenant de ces nouvelles mesures ; le calcul des nombres décimaux s'y applique naturellement.

Fractions.

26. Une *fraction* est *une ou plusieurs parties égales dont un certain nombre fait l'unité* Le nombre qui exprime combien il y a de parties s'appelle *numérateur*, et le nombre qui exprime combien il en faut pour faire l'unité s'appelle *dénominateur*. Ils s'appellent conjointement les *termes*. Dans l'expression, pour faire distinguer le dénominateur on ajoute la terminaison *ième* : ainsi *trois septièmes* sont trois parties égales dont sept formeraient l'unité.

On écrit une fraction en plaçant le numérateur dessus, le dénominateur dessous, et les séparant par un trait, de cette manière $\frac{3}{7}$, ou bien 3 : 7.

27. Une fraction peut être aussi considérée *comme le quotient d'une division*, car sans le dénominateur les unités du numérateur seraient de véritables unités ; mais avec le dénominateur 7, elles deviennent 7 fois plus petites, puisqu'il en faut 7 pour faire l'unité ; or rendre un nombre 7 fois plus petit, c'est le diviser par 7, (18).

C'est pour cela que l'on a employé pour exprimer une fraction, ou le trait, ou les deux points qui sont les signes de la division.

Cela fait que quand on a un reste dans la division on peut le mettre en fraction, en mettant le diviseur comme dénominateur.

28. Une fraction peut encore être considérée sous un troisième point de vue qui nous sera très utile : savoir, comme *ayant été engendrée par deux mouvements à partir de l'unité* : $\frac{3}{7}$ par exemple, peut être consdérée comme un nombre qui était primitivement l'unité, qui est devenu d'abord 3 fois plus grand et ensuite 7 fois plus petit que dans ce nouvel état. Rien n'empêche de considérer un nombre entier comme engendré de cette manière, mais par un seul mouvement. 15, par exemple, peut être

regardé comme ayant été l'unité, et étant ensuite devenu 15 fois plus grand. Il n'y a pas de mouvement de diminution dans le nombre entier, parce qu'il n'a pas de dénominateur; car on appelle *nombre entier*, celui qui est composé exactement avec des unités. On pourrait, si l'on voulait, *donner l'unité pour dénominateur* à un nombre entier.

29. La démonstration des règles des fractions devient très simple en considérant la multiplication comme ayant pour but de *faire varier le multiplicande à partir de son état, de la même manière que le multiplicateur a varié à partir de l'unité*. C'est la seconde définition de la multiplication (11), mais étendue à la diminution: car *varier* veut dire croître ou diminuer. La division aura pour but de *faire varier le dividende en sens contraire du diviseur*. Le multiplicateur est donc un modèle des variations que l'on doit faire éprouver au multiplicande. Le diviseur est un modèle en sens contraire.

30. Toute la théorie des fractions se tire des deux principes suivants: *Si le numérateur croît la fraction coît* parce qu'il y aura plus de parties; *Si le dénominateur croît la fraction diminue*, parce qu'il faudra plus de parties pour faire l'unité.

31. Maintenant soit à multiplier $\frac{4}{5}$ par 3, le multiplicateur ou modèle est devenu 3 fois plus

grand que l'unité, donc il faut rendre le multiplicande 3 fois plus grand, ce qui se fait en multipliant le numérateur et donne $\frac{12}{5}$. Soit à diviser $\frac{4}{5}$ par 3, le diviseur ou modèle est devenu 3 fois plus grand que l'unité, il faudra donc rendre le dividende 3 fois plus petit, ce qui se fera en multipliant le dénominateur par 3 et donne $\frac{4}{15}$.

Soit à multiplier $\frac{4}{5}$ par $\frac{3}{7}$, le multiplicateur ou modèle est devenu 3 fois plus grand que l'unité, ensuite 7 fois plus petit, donc il faut rendre la fraction multiplicande 3 fois plus grande, ensuite 7 fois plus petite, ce qui se fera en multipliant son numérateur par 3 et son dénominateur par 7 et donnera $\frac{12}{35}$. Pour la division il faudrait rendre 3 fois plus petit et 7 fois plus grand, ce qui se ferait en multipliant le dénominateur de la fraction dividende par 3, et le numérateur par 7, et donnerait $\frac{28}{15}$.

On peut résumer en disant que, pour la multiplication des fractions, *les numérateurs se multiplient entre eux, et les dénominateurs entre eux*, et que dans la division, *la fraction diviseur se renverse, ensuite on multiplie.*

Si le multiplicande ou dividende est un nombre entier, la règle est la même ainsi que la démonstration, en imaginant que le nombre entier a l'unité pour dénominateur. Soit à multiplier 9 ou $\frac{9}{1}$ par $\frac{3}{7}$, on aura par les raisonnements ci-dessus $\frac{27}{7}$; et à diviser $\frac{9}{1}$ par $\frac{3}{7}$; on aura $\frac{63}{3}$.

Souvent on a à diviser une unité par une fraction; nous remarquerons que le résultat est la fraction renversée.

32. L'addition et la soustraction des fractions qui ont le même dénominateur, *ne doit évidemment se faire que sur les numérateurs* ; car des quinzièmes, par exemple, réunis à des quinzièmes donnent évidemment des quinzièmes pour résultat, il en est de même si on les retranche. Quand les fractions n'ont pas le même dénominateur on les réduit au même dénominateur sans en changer la valeur. Cette réduction repose sur ces deux principes : que l'on peut *multiplier les deux termes d'une fraction par un même nombre*, par 4 par exemple, sans en changer la valeur ; car en multipliant le numérateur on rend la fraction 4 fois plus grande, et en multipliant le dénominateur on la rend 4 fois plus petite. Secondement, que l'on peut changer l'ordre de plusieurs facteurs, ce qui a été démontré (14). Pour réduire, par exemple, $\frac{2}{39}, \frac{4}{59}, \frac{3}{89}, \frac{5}{79}$, au même dénominateur, je multiplie les deux termes de la première par le produit des dénominateurs de toutes les autres, ensuite les deux termes de la seconde par le produit des dénominateurs de toutes les autres, etc. *Les fractions ne changent pas de valeur*, car leurs deux termes sont multipliés par le même nom-

bres; *les nouveaux dénominateurs seront égaux*, car ils seront composés des anciens, multipliés dans un ordre différent.

33. Nous remarquons que parmi les fractions à réduire au même dénominateur, il peut y avoir des nombres entiers comme dans $\frac{2}{39}$. 8, $\frac{5}{99}$, alors *le nombre entier reçoit le dénominateur commun* 27, *et en éprouve la multiplication*, ce qui ne change rien à la règle établie, si on imagine qu'il a pour dénominateur l'unité.

34. Il a été démontré qu'on peut intervertir l'ordre des facteurs entiers (14), *cela est vrai pour les fractions*; car multiplier plusieurs fractions entre elles, cela revient à multiplier les numérateurs entre eux et les dénominateurs entre eux. Intervertir l'ordre des fractions, c'est intervertir l'ordre des numérateurs et des dénominateurs.

35. Quand on calcule des fractions le résultat est ordinairement une fraction. On peut avoir besoin de connaître si ce résultat contient des unités et de les extraire. Il y a dans une fraction autant d'unités que le numérateur contient de fois le dénominateur, il suffit donc de faire une division pour les extraire.

36. Une fraction peut souvent se réduire à une expression plus simple, $\frac{12}{18}$ peut se réduire à $\frac{6}{9}$ en divisant les deux termes par le nombre 2, ce qui ne change pas la valeur de la fraction, car d'un côté on la rend deux fois plus petite et d'un

autre deux fois plus grande. On peut encore simplifier en divisant haut et bas par 3, ce qui donne $\frac{2}{3}$.

37. Un nombre qui divise exactement un autre nombre est appelé *diviseur* ou *sous-multiple* ou *partie aliquote* de ce nombre, et le nombre est appelé *multiple* de ce diviseur, et quand un nombre divise silmutanément deux autres nombres, comme ci-dessus 2 qui a divisé 12 et 18, il est appelé *commun diviseur* de ces nombres; il est appelé *plus grand commun diviseur*, quand il est réellement le plus grand. Ci-dessus 2 est commun diviseur de 12 et de 18, 3 l'est aussi; mais le plus grand est 6. Pour réduire tout d'un coup une fraction à sa plus simple expression, il faut diviser les deux termes par le plus grand commun diviseur. Nous allons exposer la méthode pour le trouver: mais nous ferons auparavant quelques remarques préparatoires.

38. 1° *Si un nombre divise exactement deux autres nombres, il divisera leur somme;* 2° *s'il divise la somme et un des nombres, il divisera l'autre;* 3° *Si un nombre divise un autre nombre, il divisera ses multiples.* Pour le faire sentir nous emploièrons la comparaison suivante: si un mètre divise exactement une pièée de drap, c'est-à-dire, y est contenu un nombre entier de fois et qu'il divise aussi une pièce de toile; si

on coud les pièces bout-à-bout, le mètre divisera la pièce totale. C'est évident.

2° Si le mètre divise la pièce totale et le drap, il divisera la toile, sans quoi il ne diviserait pas la pièce totale.

3° Si le mètre divise une pièce de drap il en divisera quatre, cinq réunies, ce qui fait des multiples de la pièce.

Nous remarquerons encore que quand on fait une division, s'il y a un reste, le dividende égale le diviseur multiplié par le quotient, c'est-à-dire un multiple du diviseur, augmenté du reste (19).

39. Maintenant, pour trouver le plus grand commun diviseur de deux nombres, il faut diviser le plus grand par le plus petit, le plus petit par le reste, ce premier reste par le second reste, le second par le troisième, etc. et l'on arrivera de cette manière à un reste qui divisera le précédent exactement, fallut-il aller à l'unité qui divise tous les nombres; *et ce sera le plus grand commun diviseur des nombres proposés*. Supposons que ce reste soit le septième d'abord il sera le plus grand commun diviseur entre le sixième et lui-même. Or les communs diviseurs qui existent entre deux restes consécutifs, sont les mêmes partout. En effet si nous considérons trois restes consécutifs quelconques, l'un a été dividende, l'autre diviseur, l'autre reste,

dans une des divisions qui ont eu lieu ; le premier des trois égale donc (19) un multiple du second augmenté du troisième. Un nombre qui est commun diviseur, entre le second et le troisième, divisant le second divisera son multiple ; donc il divisera le premier, puisqu'il divise le multiple et le troisième reste dont la somme fait le premier; ce nombre est donc diviseur entre le premier et le second. Réciproquement; un nombre qui est diviseur du premier et du second, le sera aussi du troisième. En effet, divisant le second il divisera son multiple, comme il a été dit, et il divisera aussi la réunion de ce multiple au troisième reste puisque cela forme le premier; donc il divisera le troisième, par la raison que si le mètre divise le drap, et la pièce totale, il divisera la toile. Donc tous les diviseurs qui existent entre deux restes consécutifs, existent entre deux autres restes quelconques consécutifs. Maintenant si le septième reste est commun diviseur entre le sixième et le septième, et s'il est le plus grand, il sera aussi le plus grand commun diviseur entre les deux nombres proposés, puisque les diviseurs communs sont les mêmes dans tous les intervalles.

Décomposition de nombres en facteurs premiers.

40. On appelle *nombre premier* celui qui n'est divisible par aucun autre, excepté par l'unité,

qui divise tous les nombres entiers. 2, 3, 5, 7, 11, 13 etc. sont des nombres premiers.

41. Tout nombre peut se décomposer en facteurs premiers, en essayant de le diviser successivement par les nombres premiers 2, 3, etc. Car s'il résiste à toutes ces divisions il sera premier lui-même.

42. Un nombre donné, 90 par exemple, qui se décompose en $2 \times 3 \times 3 \times 5$, ne peut pas se décomposer en d'autres facteurs premiers. (Voir la démonstration dans les leçons d'arithmétique de M. Faure.)

43. Nous remarquerons qu'un nombre ne peut en diviser un autre qu'autant que ses facteurs premiers se trouvent tous dedans. Car si le diviseur avait des facteurs premiers qui ne fussent pas dans le dividende ; en le multipliant par le quotient, on ne pourrait obtenir le dividende (42).

44. En décomposant deux nombres en facteurs premiers, on en trouve bien facilement le plus grand commun diviseur : il n'y a qu'à prendre l'ensemble des facteurs premiers communs aux deux nombres.

45. Par la décomposition des nombres en facteurs premiers, on trouve avec la même facilité le plus petit multiple de plusieurs nombres : il suffit d'écrire un produit de facteurs premiers de manière que chaque nombre y trouve les siens.

46. Cela fournit un moyen pour réduire les fractions au même dénominateur le plus simplement possible; car après avoir composé un dénominateur qui soit le multiple le plus simple des anciens, on multiplie convenablement les numérateurs.

Racine quarrée.

47. On appelle *quarré* d'un nombre le produit de ce nombre par lui-même, le quarré de 6 est de 36 : et 6 est la *racine quarrée* de 36. Revenir d'un nombre à sa racine quarrée, c'est ce qu'on appelle extraire la racine quarrée de ce nombre.

Je remarque que 100 et 10, dont l'un est racine de l'autre, forment les limites, l'un des nombre des trois chiffres, l'autre celle de deux; donc tout nombre qui n'a que deux chiffres, n'en aura qu'un à sa racine : et tout nombre qui en a plus de deux, en a plus d'un à sa racine. Les racines qui n'ont qu'un chiffre s'extraient par la table de Pythagore. Pour apprendre à extraire la racine d'un nombre qui doit en avoir deux à sa racine, élevons un nombre de deux chiffres au quarré, 67 par exemple :

```
  67
  67
 ----
   49
  84
 36
 ----
 44.89 | 67
 88.9  |----
 00.0    12
```

Je dis 7 fois 7, 49, que j'écris en entier, et j'écrirai aussi tous les autres produits en entier; ce qui nous les fait voir séparés et donne évidemment la même somme. Au lieu de dire 7 fois 6, deux fois consécutivement, je dis 7 fois 12, 84. Enfin 6 fois 6, 36. Je place tous ces produits aux places qui leur conviennent et je fais l'addition. Je remarque que le carré 4489 contient 1° *le quarré des unités ;* 2° *le produit du double des dixaines par les unités*; 3° *le quarré des dixaines*. Si ces produits demeuraient distincts, il serait bien facile d'extraire la racine : je dirais : 36 est le quarré des dixaines, en en extrayant la racine j'aurai les dixaines. En divisant 84 par le double des dixaines j'aurai les unités. Je pourrais aussi avoir les unités en extrayant la racine de 49. Mais dans 4489 ces produits sont mêlés par l'addition. Pour les distinguer, je remarque que les dixaines quarrées donnent des centaines, donc le quarré des dixaines est au-delà d'une tranche de deux chiffres, il est dans 44. La racine de 44 est de 6. Pour avoir les unités il faudrait le produit du double des dixaines par les unités, mais il est masqué par le quarré des dixaines; je forme donc, d'une manière exacte, le quarré des dixaines, qui est 36 et je le retranche. Le double produit est maintenant le premier à gauche; vers la droite il va jusques aux dixaines, car des dixaines multipliées par des unités donnent des dixaines: il est donc dans 88; je le divise par le double des dixaines 12, que j'écris sous la racine ; le quotient est 7. Pour vérifier ce chiffre, je forme son quarré et son produit par le double des dixaines, que je retranche du reste du nombre. Quand le nombre proposé n'est pas un carré parfait, il y a un reste; alors la racine n'est exacte qu'à *une unité près*.

49. Pour que le dernier chiffre écrit à la racine soit trop faible d'une unité, il faut que le reste égale le double de la racine plus 1; car, si on élève au quarré un nombre et ensuite ce même nombre augmenté de 1, le second quarré a de plus que le premier, le quarré de 1, qui est 1, et le double produit de 1 par le nombre, qui n'est que le double du nombre

Si le nombre proposé a cinq ou six chiffres, comme 47.32.68; après avoir séparé deux chiffres à droite, pour que le carré des dixaines reste à gauche, je vois que ce quarré a encore plus de deux chiffres, et que je ne puis en extraire la racine par la table de Pythagore Alors j'oublie 68, et j'applique à 4732 la méthode que nous vanons de donner; c'est-à-dire, que je sépare une seconde tranche. S'il y avait encore plus de chiffres, le même raisonnement nous conduirait à *séparer successivement des tranches, jusques au bout du nombre.*

Racine quarrée des fractions.

50. Pour extraire la racine quarrée d'une fraction, il faut *extraire séparément la racine du numérateur et celle du dénominateur* ; attendu qu'en multipliant une fraction par elle-même, pour l'élever au quarré, on y élève le numérateur et le dénominateur (31). Si le dénominateur n'est pas un carré parfait, on ne peut pas bien juger de la fraction après l'extraction, ne sachant pas au juste combien il faut de parties du numérateur pour faire l'unité. Mais on peut toujours multiplier le dénominateur par lui-même pour le rendre un quarré parfait, et multiplier le numérateur par le même nombre, pour ne pas changer la valeur de la fraction (32).

51. *Extraire la racine d'un nombre, à une fraction près*, par exemple, à $\frac{1}{7}$ près. Il faut convertir le nombre proposé en une fraction, telle que le dénominateur soit 7 après l'extraction ; car comme on ne se trompe pas d'une unité sur le numérateur (47) et que les unités du numérateur ne seront que des septièmes, on ne se trompera pas d'un septième. Or, pour que le dénominateur soit 7 après l'extraction, il faut qu'il soit le quarré de 7 avant (50). Il suffit donc de multiplier le nombre proposé par le quarré de 7 ou 49.

52. Si c'est à une *fraction décimale près* qu'on veut la racine, l'opération se simplifie. Si c'est à

$\frac{1}{10}$ on multipliera par le quarré de 10, ce qui revient à ajouter deux zéros, et le résultat aura 10 pour dénominateur ou une virgule séparant un chiffre. Si c'est a un $\frac{1}{100}$, près qu'on veut la la racine, il faudra multiplier par le quarré de 100 ou ajouter deux paires de zéros, et le résultat aura 100 pour dénominateur ou deux décimales séparées par la virgule.

53. S il s'agissait *d'extraire la racine d'une fraction décimale* 0,04835, la règle des fractions ordinaires nous dirigerait; mais l'opération est plus simple. Cette fraction étant des cent-millièmes, peut être considérée comme ayant 100000 pour dénominateur. Ce dénominateur serait un quarré s'il avait un nombre pair de zéros. Mettons donc un zéro à nos décimales 0,048350; maintenant il s'uffit d'en extraire la racine et le dénominateur sera 1 suivi d'autant de zéros qu'il en a de paires avant l'extraction, c'est-à-dire, trois, ou bien la virgule séparant trois décimales. Comme le zéro ajouté, s'il le faut, pour rendre le nombre des décimales pair, fait commencer les tranches à la virgule, dans la pratique *on ne l'ajoute que quand on y arrive*, mais on a soin *de faire les tranches comme s'il y était*. De plus on n'attend pas à la fin de l'opération pour placer la virgule à la racine; mais on la met *aussitôt qu'on s'occupe de la première tranche après la virgule du nombre*; car chaque tranche

fournissant un chiffre, il y aura autant de décimales à la racine qu'il y en a de paires au nombre proposé

Anciennes mesures; Nombres complexes.

54. L'unité de longueur est la *toise*, qui se divise en 6 *pieds*, le pied se divise en 12 *pouces*, le pouce en 12 *lignes*, la ligne en 12 *points*.

Pour les draps et les toiles, c'est *l'aune*, qui se divise en *demies*, en *tiers* et en *quarts*, etc. et dans certaines provinces, en 5 *pans*. L'aune vaut 3 pieds 7 pouces 10 lignes 10 points. Pour les distances itinéraires c'est la *lieue terrestre* de 25 au degré. Elle a 2280$^{\text{tot.}}$, 3288......, attendu que le quart du méridien a 5130740$^{\text{tot.}}$. *La lieu marine* de 20 au degré, a 2850$^{\text{tot.}}$, 4111...... La lieue de poste a 2000 toises ou 2 *milles*.

L'unité de surface est la *toise quarrée* pour les surfaces peu étendues. Pour les champs c'est l'*arpent*, qui se divise en 100 *perches*. La perche de Paris est un carré de 18 pieds de côté, sa surface à 324 pieds. La perche des eaux et forêts est un quarré de 22 pieds de côté, et 484 pieds quarrés de surface.

L'unité de volume ou de solidité est la *toise cube*, le *pied cube*. Pour les grains c'est le *sétier*, qui se divise en 12 *boisseaux*, et le boisseau en 16 *litrons*. Pour les liquides c'est le *muid* : le muid de Paris, vaut 288 *pintes*. Le litron renferme 40 pouces cub. 98625 et la pinte 46 pouces cub., 95.

L'unité de poids est la *livre* poids, qui vaut 16 *onces*; l'once 8 *gros*; le *gros* 3 *deniers*, le deniers 24 *grains;* 100 livres font un *quintal*.

L'unité monétaire est la *livre tournois*, qui se divise en 20 *sous*, le sou en 12 *deniers*.

55 On appelle nombre *complexe* un nombre composé de différentes sortes d'unités, comme 15 toi. 3 pi. 5 po. 7 lig..

56. On peut réduire un nombre complexe en fraction : dans le nombre ci-dessus, on convertit les toises en pieds, en multipliant par 6, attendu que chaque toise vaut 6 pieds; on ajoute les trois pieds, et on convertit les pieds en pouces en multipliant par 12, ainsi de suite jusques aux lignes; ce qui fera le numérateur de la fraction. Pour avoir le dénominateur, il n'y a qu'à voir combien il faut de lignes pour faire une toise, ce qui se fait en convertisant une toise en lignes.

57. Réciproquement on peut convertir une fraction, de toises par exemple; en un nombre complexe. Il faut pour cela diviser le numérateur par le dénominateur pour en extraire les unités, qui sont des toises; on convertira le reste en pieds en le multipliant par 6 et l'on divisera encore par le diviseur, ce qui donnera des pieds, en-

suite par 12 et l'on aura des pouces ; et si à la fin des subdivisions usitées on a un reste, il formera une fraction. Même opération pour toute autre sorte de nombre complexe.

Règles des nombres complexes.

58. L'usage des anciennes mesures étant défendu par les lois, on ne doit plus enseigner le calcul des nombres complexes qui en proviennent ; si l'on doit encore s'occuper de ces mesures, c'est seulement pour les convertir en mesures métriques. Aussi nous ne donnerons point les règles particulières de ces sortes de mesures. Nous dirons seulement, à cause de quelques-unes de ces mesures qui restent encore en vigueur, comme le jour qui se divise en 24 heures, l'heure qui se divise en 60 minutes, etc. L'année, qui se divise en 12 mois, le mois en 30 jours, etc., que les quatre règles des nombres complexes peuvent se faire *en convertissant les nombres complexes en fractions, opérant sur les fractions, et convertissant le résultat en nombre complexe.* C'est d'ailleurs un exercice utile sur les fractions.

59. Nous dirons cependant que l'addition et la soustraction des nombres complexes se font plus facilement sur les nombres complexes eux-mêmes : en écrivant les unités de même espèce les unes sous les autres et les ajoutant, en commençant par la droite. Les retenues et les emprunts, au lieu de se faire par dixaines, se font d'une manière convenable aux subdivisions.

60. L'élève rapprochera ces retenues faites d'une manière irrégulière, de la manière de retenir et d'emprunter dans les nombres décimaux, pour sentir l'avantage du nouveau système et la simplicité de sa loi.

61. Le calcul des nombres complexes, qui se réduit au calcul des fractions, quand on les convertit en fractions, se réduirait aussi au calcul des nombres décimaux, en réduisant les nombres complexes en décimales.

Conversion des anciennes mesures en mesures métriques.

62. Convertir un nombre de toises en mètres, par exemle 53 t. *Il faut avoir une toise en mètres* et décimales de mètre.

Or 1 toi. = 1 mètre, 949036591129.... il suffira de prendre cette valeur 53 fois, ou de la multiplier par 53. Nous remarquerons qu'on n'emploîra que le nombre de décimales qu'on jugera convenable. Pour convertir un nombre de mètres, 67 par exemple, en toises, il suffit également d'avoir *un mètre en toises* et décimales de toise. Or 1 mètre = 0 t., 513074. On prendra cette valeur 67 fois.

63. Remarquons que cette conversion donne des décimales au résultat. Si c'est en mètres que l'on convertit, il convient de laisser les décimales. Si c'est en toises que l'on convertit les décimales de toise ne conviennent pas dans le résultat. Pour les changer en pieds, pouces, on les

multiplie par 6, ce qui les change en décimales de pied, et les unités qui en sortent sont donc des pieds. Ensuite on multiplie les décimales de pieds par 12 ce qui en fera sortir des unités de pouce, etc.

Si dans le nombre de toises à convertir il y a des pieds, des pouces, etc., il faut avoir non seulement la valeur d'une toise en mètres, mais la valeur d'un pied, d'un pouce en mètres, pour convertir les pieds et les pouces. Or.

$1^{m.} = 0^{toi.},513074.$

et $1^{toise} = 1^{m.},94903659121296. \ldots$

$1^{pied} = 0^{m.},324839431868882. \ldots$

$1^{pouce} = 0^{m.},027069942655573. \ldots$

$1^{ligne} = 0^{m.},002255829387797. \ldots$

$1^{point} = 0^{m.},000187985782553. \ldots$

Si j'ai $53^{t.}\ 4^{pi.}\ 7^{po.}\ 9^{lig.}$ je prends la valeur de la toise 53 fois, celle du pied 4 fois, celle du pouce 7 fois, celle de la ligne 9 fois ; j'ajoute les produits.

La conversion des autres mesures se fait avec la même facilité. Il reste donc seulement à dire de qu'elle manière on a eu la toise en mètres, et le mètre en toises et comment on aurait les autres mesures. Le voici :

64. Le quart du méridien terrestre est dix millions de mètres, il est aussi 5130740 toises, car c'est avec la toise qu'il a été mesuré. Donc $10000000^{m.} = 5130740^{toi.}$ Pour avoir la valeur d'un seul mètre en toises, je rends le second membre de cette égalité dix millions de fois plus

petit ; c'est-à-dire, que je divise par 10000000. Et pour avoir la valeur d'une seule toise en mètres je rends le premier membre 5130740 fois plus petit. Quand on a la valeur d'une toise, celle du pied, du pouce s'en tirent en prenant le sixième le douxième.

65. Pour les surfaces, il faut avoir la valeur d'une toise quarrée en mètres quarrés; pour cela il n'y a qu'à élever la valeur de la toise, $1^{\text{m.}},94903$ . . au quarré, et la toise aussi au quarré, ce qui donne $1^{\text{toise quarrée}} = 3^{\text{m. quarrés}}, 7987436338$. . . . On élève de même au quarré un mètre et sa valeur, ce qui donne $1^{\text{m. quarré}} = 0^{\text{t. quarrée}}, 26324$. . La valeur des pieds quarrés et des pouces quarrés ne s'obtiendra pas en prenant le sixième et le douxième, mais le trente-sixième, car il y a 36 pieds quarrés dans une toise quarrée ; et le cent quarante-quatrième, car il y a 144 pouces quarrés dans un pied quarré. On aura le tableau ;

$1^{\text{m. q.}} = 0^{\text{t. q.}},2632449294$ . . .

et $1^{\text{t. quarrée}} = 0^{\text{m. quar.}},7987436338$. . .

$1^{\text{pi. quarré}} = 0^{\text{m. quarré.}},17552065$. . . .

$1^{\text{po. quarré}} = 0^{\text{m. quarré.}},00073278$. . . .

Pour avoir la perche quarrée en ares et réciproquement, je remarque que la perche quarrée (eaux et forêts), de 22 pieds de côté à 484 pieds quarrés. Multipliant la valeur du pied quarré par 484, je trouve

$1^{\text{perche quarrée}} = 51^{\text{m. quarrés}},0719. = 0^{\text{are}},510719$ . . ,

car un are vaut 100 mètres quarrés.

Pour obtenir l'are en perches quarrés, je divise 1 par 0,510719....et j'ai

$1^{\text{are}} = 1^{\text{perche quarrée}},95802\ldots.$

Par des calculs analogues, la perche de Paris, qui n'a que $18^{\text{pi.}}$ de côté donne :

$1^{\text{per. quar. de Paris.}} = 0^{\text{ares}},3418869\ldots$

$1^{\text{are}} = 2^{\text{per. quar. de Paris}},924943\ldots.$

66. Pour les volumes, nous commencerons par nous procurer par des moyens analogues à ceux que nous venons d'employer, la toise cube, le pied cube, le pouce cube, etc., en mètres cubes et décimales, et réciproquement le mètre cube en toises cubes et décimales. Or nous trouverons:

$1^{\text{m.c.}} = 0^{\text{t. c.}},13506412894\ldots\ldots;$

et $1^{\text{t. c.}} = 7^{\text{m.c.}},40389034308\ldots\ldots;$

$1^{\text{pi c}} = 0^{\text{m.c.}},034277270106\ldots.;$

$1^{\text{po. c}} = 0^{\text{m.c.}},000019836383\ldots.;$

La *pinte* est l'unité ancienne pour les liquides, le *litre* est la nouvelle. La pinte vaut $46^{\text{po.c.}}95$, il faut multiplier ce nombre de pouces par la valeur du pouce en mètres cubes, et pour l'avoir en litres multiplier par 1000, car il y a 1000 litres dans un mètre cube. Pour avoir le litre en pinte et décimale de pinte, il faut, comme ci-dessus, résoudre convenablement l'égalité, On trouve

$1^{\text{pint.}} = 0^{\text{litre}},9313818\ldots.$

$1^{\text{litre}} = 1^{\text{pinte}},07374688\ldots$

Pour les grains, les unités anciennes sont le *sétier*, qui vaut 12 *boisseaux*; le boisseau qui vaut 16 *litrons*.

Or $1^{\text{litron}} = 40^{\text{po. cub.}},98625$. D'après cette relation nous trouverons

$1^{\text{litre}} = 1^{\text{litron}},2299836\ldots$

et $1^{\text{sétier}} = 156^{\text{litres}},099\ldots$

$1^{\text{bois}} = 13^{\text{litres}},008303\ldots$

$1^{\text{litron}} = 0^{\text{litre}},8130189\ldots$

Il ne faut pas confondre le boisseau ci-dessus avec la nouvelle mesure appelée *boisseau*, ou mieux *double boisseau*, qui contient 25 litres.

Pour mesurer le bois de chauffage, on se sert à Paris de la *corde* qui vaut deux *voies* et qui a 112 pieds cubes, car c'est un parallélipipède rectangle de 8 pieds de longueur, $3\frac{1}{2}$ de largeur et 4 de hauteur, on tire de là

$1^{\text{corde}} = 3^{\text{m.c. ou stères}},83905.$

$1^{\text{m. cube}} = 0^{\text{corde}},26048\ldots$

La *solive*, qui est une pièce de bois d'une toise de longueur, un pied de largeur et 6 pouces d'épaisseur, est encore une sorte d'unité ancienne usitée dans la mesure des bois de construction. Elle renferme donc 3 pieds cubes ou 5184 pouces. On tire de là

$1^{\text{solive}} = 0^{\text{m. cube}},1028318\ldots$

$1^{\text{m. cube}} = 9^{\text{solives}},724618\ldots$

67. Pour les poids, on a trouvé que le *gramme*

pesait $18^{grains},82715$. Par des calculs convenables on trouvera

	$1^{kilog.} = 2^{liv.}$	,042876519....
et	$1^{livre} = 0^{kil.}$	,4895058466..
	$1^{once} = 0^{kil.}$	,030594......
	$1^{gros} = 0^{kil}$	,003824.......
	1 ℈ $= 0^{kil.}$	,001274.......
	$1^{grain} = 0^{kil.}$	,00005311 ....

68 Pour les monnaies. La livre tournois contient 83^{grains}, 675936 d'argent pur; le franc en contient les $\frac{9}{10}$ de 5 grammes. Par les calculs convenables nous trouverons.

$1^{\#} = 0^{f.}$,9876509426...et $1^{f.} = 1^{\#}$, 0125034633.

A la rigueur la valeur du sou est la vingtième de celle de la livre tournois. mais dans le commerce on considère aussi le sou comme le vingtième du franc, ce qui fait que l'on a

1 ʃ $= 0^{f.}$,05

1 ℈ $= 0^{f.}$,00416666......

69. Les nombres complexes provenant des anciennes mesures, ne sont pas les seuls qui existent. Le gouvernement n'ayant pu faire adopter au commerce les nouvelles mesures avec leurs subdivisions, avait rapproché les unités principales, la toise, la livre, du nouveau système, en laissant les anciens noms et les anciennes manières de subdiviser.

On avait fait une toise nouvelle ayant deux mètres justes de longueur, et elle se subdivisait en pieds pouces nouveaux, comme la toise *ancienne* ou *royale*. On avait fait une nouvelle aune de 12 décimètres et elle se divisait comme l'ancienne ; on avait fait une nouvelle livre d'un demi kilogramme et elle se divisait comme l'ancienne. On avait fait un double boisseau (vulgairement appelé boisseau), qui avait 25^{litres}; le boisseau était donc de 12^{litres}, 5, le demi boisseau 6^{litres}, 25.

On appelait mesures *usuelles* ces sortes de mesures.

Ces espèces de nombres complexes pouvaient être calculés comme les anciens (58) ; ou bien, par le calcul décimal (61).

On peut se proposer de convertir les mesures usuelles dans les anciennes et réciproquement. Il serait trop long de détailler toutes ces opérations. Mais quand on a saisi ce qui précède, on fait facilement toutes ces conversions.

PROBLÈMES D'ARITHMÉTIQUE.

Règles de trois.

70. La règle de trois a pour but *la détermination d'un nombre lié à plusieurs autres, de manière que quand l'un quelconque devient un certain nombre de fois plus grand, le nombre*

cherché devient le même nombre de fois plus grand ou plus petit.

Il y a des règles de trois qui ne renferment véritablement que trois nombres donnés; il y en a d'autres qui en renferment beaucoup plus de trois et qu'on appelle pourtant règles de trois, attendu qu'elles pourraient se résoudre par plusieurs règles de trois *simples*. Voici un exemple de règle de trois *composée*: 7 ouvriers travaillant 9 heures par jour à un canal, ayant 4 mètres de largeur, 3 de profondeur, en ont fait 50 mètres de longueur en 18 jours, on demande combien 12 ouvriers, travaillant 8 heures par jour à un canal de 5 mètres de largeur et 2 de profondeur, en feront dans 25 jours.

Je remarque là dedans des couples de nombre de même espèce; deux nombres d'ouvriers, deux nombres d'heures de travail, deux nombres de jours, etc., et enfin deux longueurs, dont une est ce que je cherche. Je remarque qu'un nombre de chaque couple est lié aux 50 mètres connus, car il y avait 7 ouvriers quand les 50 mètres se sont faits, il y avait 9 heures de travail par jour, etc. Les autres nombres des couples, c'est à-dire, les 12 ouvriers, les 8 heures de travail, etc., sont liés au nombre inconnu.

Je les écris dans l'ordre suivant:

7 ouv.	9 heu.	4 m. larg.	3 m. prof.	50 m. long.	18 jours.
12	8	5	2	x	25

C'est par la *réduction à l'unité* que nous résoudrons la règle de trois, en disant : dans le premier état des choses, il se fait 50 mètres. Si au lieu de 7 ouvriers il n'y en avait qu'un, il s'en ferait 7 fois moins, c'est-à-dire $\frac{50}{7}$. Si au lieu d'un il y en a 12, il s'en fait 12 fois plus c'est-à-dire, $\frac{50 \times 12}{7}$. Si au lieu de 9 heures il n'y en a qu'une, il se fera 9 fois moins de longueur, c'està-dire, $\frac{50 \times 12}{7 \times 9}$; mais s'il y en a 8, il s'en fera 8 fois plus, c'est-à-dire

$\frac{50 \times 12 \times 8}{7 \times 9}$, ainsi de suite. Arrivés à la fin nous ferons les multiplications et la division. Cependant il convient, pour simplifier les calculs, de supprimer dessus et dessous autant de facteurs qu'on en apercevra (36).

Il pourrait se faire qu'une des lignes eût, en apparence, plus de nombres que l'autre : comme si l'on disait encore que dans le second cas, le terrain est deux fois plus dur. Il faudrait alors mettre 1 vis-à-vis 2, ce qui reviendrait à dire, la dureté du terrain est 1 dans ce cas et 2 dans l'autre.

71. Dans ce problême on peut se proposer de chercher la longueur comme nous avons fait, tout le reste étant connu ; ou bien la largeur

tout le reste étant connu; ou bien les jours de travail; ou bien le nombre d'ouvriers, etc., et cela avec la même facilité, en réduisant chaque terme de la première ligne à l'unité, ensuite au nouveau nombre, et observant l'effet produit sur le nombre correspondant à celui que l'on cherche. Quand on fait la division, on a soin de présenter le résultat avec les subdivisions qui conviennent à la nature du nombre que l'on cherche; si ce sont des heures on les présentera avec minutes et secondes; si ce sont des mètres on les obtiendra avec décimales.

72. Si dans les termes des règles de trois il y a des nombres fractionnaires, ou des nombres décimaux, ou des nombres complexes, on leur applique, pour les multiplications et divisions, les règles qui leur conviennent, ou mieux encore, on convertit en fractions les nombres complexes. Dans le résultat on supprime les dénominateurs de toutes les fractions du numérateur du résultat, et avec un peu d'attention on voit qu'ils doivent passer au dénominateur. De même les dénominateurs du dénominateur du résultat passeront au numérateur. Pour les nombres décimaux, on efface toutes les virgules du numérateur et toutes celles du dénominateur et l'on compense avec des zéros, la différence d'accroissement produite sur le numérateur ou sur le dénominateur.

Règle de société.

73. Trois marchands associés ont mis en commerce :

L'un.	3458 f	
Le 2e.	5700 f	2743f
Le 3e.	224 f	
	11402 f	

et ont gagné 2743f. Il s'agit de partager ce bénéfice proportionnellement à leur mise.

Le gain est 2743. S'il n'y avait qu'un franc au lieu de 11402, il serait 11402 fois plus petit, c'est-à-dire, $\frac{2743}{11402}$. Si au lieu d'un franc il y en a 3458., il sera $\frac{2743 \times 3458}{11402}$. De même pour les autres:

74. Si la première mise était restée une année 3 mois ou 15 mois, la seconde deux ans ou 24 mois et la troisième 18 mois; *nous remplacerions toutes ces sommes par trois sommes ne restant qu'un mois et ayant droit au même bénéfice.* Pour cela, il faudrait que la première fût remplacée par un autre 15 fois plus grande, alors la question rentrerait dans le cas précédent.

75. Si un des marchands avait mis de l'argent

à deux époques, *nous considérerions sa seconde mise comme celle d'un quatrième marchand*. Si au contraire, il avait après quelque temps, après 5 mois par exemple, repris 150 francs sur sa mise; *nous regarderions sa mise primitive comme n'étant restée que 5 mois; ensuite cette mise diminuée de 150 f. comme étant restée depuis cette époque jusqu'à la fin.* Ce qui fait encore comme deux mises séparées que nous savons traiter (74).

Règle d'Intérêt.

76. On a prêté 3452 f. pour 3 ans, on demande l'intérêt au 5 pour 100 (qu'on écrit souvent au 5 pour $\frac{0}{0}$). Cela revient à dire: 100 f. durant un an donnent 5 fr., on demande combien rendront 3452 fr. durant 3 ans. On voit que c'est une pure règle de trois.

$$\begin{array}{ccc} 100^{\text{f}} & 1^{\text{an}} & 5^{\text{f}} \\ 3452^{\text{f}} & 3^{\text{ans}} & y. \end{array}$$

Je dis: l'intérêt est 5^{f}. S'il n'y avait qu'un franc, ce serait $\frac{5^{\text{f}}}{100}$; mais au lieu d'un franc il y a 3452^{f}; ce sera donc 3452 fois plus, ou $\frac{5 \times 3452}{100}$; mais au lieu d'un an il y en 3, c'est donc encore 3 fois plus, ou $\frac{5 \times 3452 \times 3}{100}$. On fera la multiplication et l'on divisera par 100.

Cette division se fera par un simple placement de virgule, comme toutes celles où le diviseur est 1 suivi de plusieurs zéros. On trouvera $517^f,80$ pour l'intérêt de 3452^f au cinq pour cent durant trois ans. Si le taux de l'intérêt était au 6 au lieu du 5, on se conduirait de même.

Si le prêteur veut retirer l'intérêt et le capital, il n'y aura qu'à ajouter 3452 à son intérêt $517^f,80$.

Règle d'Alliage.

77. *La règle d'alliage a pour but de connaître le prix de l'unité d'un mélange, quand on connaît les prix des choses mélangées et leur quantité.* Ou bien de *trouver combien il faut prendre de chaque marchandise pour que le prix de l'unité du mélange soit tel nombre donné.*

On met 58 bouteilles de vin à $0^f,45$, et 87 à $0^f,80$; on demande le prix d'une bouteille du mélange. Je multiplie le prix d'une des 58 bouteilles par 58 et le prix d'une des 87 par 87, j'ajoute ces produits, ce qui me donne la valeur de tout le nouveau tonneau. Je divise cette valeur par le nombre de bouteilles, qui est de 58+87; et j'aurai le prix d'une bouteille. En abrégé :

$$\textit{le prix cherché} = \frac{58 \times 0^f,45 + 87 \times 0^f,90}{58+87}$$

On fait fondre ensemble deux lingots d'argent, l'un de 48 grammes au titre de 0,7, et l'autre de 63 grammes au titre de 0,9, on demande le titre du mélange. Le titre de l'argent ou de l'or est la quantité d'argent ou d'or pur qu'il y a dans l'unité, par exemple dans le gramme. Au titre de 0,7 ou $\frac{7}{10}$, cela signifie que dans un gramme il y a $\frac{7}{10}$ du gramme d'argent, le reste est de cuivre ou autre métal. On peut regarder le titre comme le prix du gramme et la question est absolument la même que la précédente.

S'il y avait une troisième sorte de vin 37 bouteilles à 0f95, par exemple, on voit bien qu'il n'y aurait pas plus de difficulté, le résultat serait, $\frac{58 \times 0{,}45 + 87 \times 0{,}80 + 37 \times 0{,}95}{58 + 87 + 37}$.

Même opération pour les métaux

78 Second cas, on veut avoir un tonneau de 100 bouteilles à 60c, en mêlant du vin à 40c et à 75c. Combien faut-il mettre de bouteilles de chacun. Je mets tout à 40c, ce qui me donne un tonneau dont la valeur est trop faible de 100 fois 20c=2000c. Une bouteille changée augmente la valeur du tonneau de 35c : or il faut l'augmenter de 2000c. Il n'y a donc qu'à diviser 2000 par 35 et l'on aura le nombre de bouteilles de vin cher à substituer, qui sera $57\frac{5}{35}$ ou $57\frac{1}{7}$; le nombre des autres bouteilles sera donc $42\frac{6}{7}$. Même calcul pour les métaux.

Remarque. La question serait impossible, si l'on voulait avec du vin à 40c et à 75c faire du vin à 90c. Secondement, nous dirons qu'il ne doit pas y avoir trois sortes de vin, car s'il y en avait encore à 85c par exemple, cette troisième sorte deviendrait inutile pour former le tonneau à 60c. Si pourtant on voulait y faire entrer du vin à 85c, on ferait un mélange arbitraire avec celui de 75, ce qui donnerait une nouvelle sorte à 80c par exemple, et ont mêlerait alors celui de 80 et celui de 40 comme il a été dit.

Règle conjointe.

79. Elle a pour but de *trouver le rapport des monnaies de différents pays, au moyen de rapports intermédiaires*. Par exemple :

7 pièces de France valent 3 pièces d'Espagne; 4 pièces d'Espagne valent 9 pièces d'Italie. 7 pièces d'Italie valent 5 pièces d'Allemagne; 15 pièces d'Allemagne valent 9 pièces de Russie, on demande la valeur d'une pièce de Russie en pièces de France.

En abrégé :

$$7^{f} = 3^{E}$$
$$4^{E} = 9^{I}$$
$$7^{I} = 3^{A}$$
$$15^{A} = 9^{R}$$

J'écris 7^{f} qui est la valeur de 3. S'il n'y

avait que 1^B, j'aurais $\frac{7}{3}$. S'il y a 4^E où 9^I, ce sera $\frac{7^f \times 4}{3}$. S'il n'y a que 2^I, ce sera 9 fois plus petit ou $\frac{7^E \times 4}{3 \times 9}$. S'il y 7^I ce sera 7 fois plus grand ou $\frac{7^f \times 4 \times 7}{3 \times 9}$, ainsi de suite : on arrive à $\frac{7^f \times 4 \times 7 \times 15}{3 \times 9 \times 5 \times 9}$. Ce qui se réduit à cette règle bien simple : mettez au numérateur tous les premiers membres, et au dénominateur tous les seconds. Avant de faire la division on fera les simplifications d'usage, et l'on obtiendra le quotient en décimales ou autrement, si l'on veut ; ou bien on le laissera en fraction. Si une des égalités n'avait que 1 d'un côté cela n'occasionnerait aucune difficulté, au contraire le calcul en serait plus simple. Si l'on avait une fraction comme $2^E = \frac{3^I}{4}$, on dirait $8^E = 3^I$ ce qui donnerait une égalité sans dénominateur

SUPPLÉMENT

RENFERMANT

DES EXEMPLES ET DES DÉVELOPPEMENTS RELATIFS A CE TRAITÉ.

Les numéros qui sont ici au commencement des articles entre parenthèses, désignent à quels articles précédents se rapportent les articles du supplément. Ceux qui, dans la suite du discours, sont entre deux parenthèses renvoient aux articles du Traité, et ceux entre quatre parenthèses renvoient aux articles du Supplément.

Signes Algébriques.

$7+3$ signifie 7 *plus* 3.

$7-3$ signifie 7 *moins* 3.

7×3 signifie 7 *multiplié par* 3.

$\frac{7}{3}$ signifie 7 *divisé par* 3 *ou sept tiers*.

$=$ signifie égale.

$>$ signifie *plus grand que*, et $<$ *plus petit que*.

7^2 signifie le *quarré* ou *la seconde puissance* de 7, c'est-à-dire, le produit de 7 multiplié par lui-même ou 49. 7^3 signifie le *cube* ou *la troisième puissance* de 7, c'est à-dire, 7 multiplié par 7 et ce produit multiplié par 7 ou 343.

$\sqrt{}$ ou $\sqrt[2]{}$ signifie *racine quarrée*, ainsi $\sqrt{36}$ est 6, $\sqrt{144}$ est 12.

$\sqrt[3]{}$ signifie *racine cubique*, ainsi $\sqrt[3]{27}$ est 3, $\sqrt[3]{125}$ est 5.

La multiplication s'indique de trois manières : par ×, ou bien par un point, ou bien sans aucun signe, mais ce n'est qu'avec les lettres qu'on peut omettre le signe : ainsi $a \times b$, ou bien $a.b$, ou bien ab signifient *a multiplié par b*.

La division s'indique par un trait ou par deux points; ainsi $\frac{a}{b}$ ou $a : b$ signifient *a divisé par b*, On dit aussi *a sur b*.

Souvent on emploie la même lettre pour désigner deux grandeurs différentes, et l'on met un accent à l'une des lettres comme b et b'. On prononce *b prime*.

(4) Pour exprimer les nombres successifs par la parole on se sert des mots : *un, deux, trois, quatre, cinq, six, sept, huit, neuf et dix*. Arrivé à dix on s'arrête, on considère le tout comme une nouvelle unité, à laquelle on impose le nom de *dixaine*. On compte par dixaines comme on a compté par unités en disant : *une dixaine, deux dixaine, trois dixaines*, etc. Arrrivé à dix dixaines on s'arrête, on regarde le tout comme une nouvelle unité à laquelle on impose le nom de *centaine;* et l'on compte par centaines comme on a compté par unités en disant : *une centaine, deux centaines,* etc. Arrivé à dix centaines on s'arrête, on regarde le tout comme une nouvelle unité à laquelle on impose le nom de *mille*, et l'on compte par mille comme on a compté par unités, etc.

Si nous énonçons les mots imposés quand on arrive à dix, nous aurons la série suivante : *unité, dixaine, centaine, mille, dixaine de mille, centaine de mille, million, dixaine de million, centaine de million, billion, dixaine de billion, centaine de billion, trillion, dixaines de trillion, centaine de trillion, quatrillion*, etc.

Cette *grande série* laisse des lacunes, il y en a une de dixaine à centaine. Elle se trouve partagée en neuf petites, quand on dit une dixaine, deux dixaines, trois dixaines, etc. Ces petites lacunes ou intervalles vides peuvent être remplis au moyen de la *petite série*, un, deux, trois, quatre,,... qui en remplit déja une. Et tout sera rempli jusqu'à centaine. De centaine à mille il y a encore une lacune. Elle se partage en neuf quand on dit : une centaine, deux centaines, etc. Chacune de ces neuf petites lacunes se remplit au moyen de tout ce qui précède, qui en remplit déjà une; ainsi de suite pour les autres lacunes.

La numération *parlée est faite*, car il n'y a pas de nombre qui ne puisse être exprimé par ce que nous venons de dire. Mais ce n'est pas la numération du commerce. Elle ne sert que dans les écoles pour expliquer l'arithmétique.

Il existe *une seconde numération parlée*, qui ne sert aussi que dans les écoles, et qui est peut être encore plus utile à cause de sa grande régularité. Elle se tire de la première en changeant les mots de la grande série. *dixaine, centaine, mille*, etc., en unité du *second ordre*, unité du *troisième ordre*, unité du *quaquième ordre*, etc.

La numération parlée du commerce, se tire de la première en changeant , *dixaine* en *ante* , *centaine* en *cent*, et faisant *onze exceptions*. De ces onze exceptions cinq sont sur les dixaines : au lieu de dire unante on dit *dix* , au lieu de deux ante, on dit *vingt* : au lieu de septante, on dit *soixante-dix* : au lieu huitante ou octante, on dit *quatre-vingt* ; au lieu de nonante, on dit *quatre-vingt-dix*. Les trois derniers mots, surtout deux *septante et nonante* sont pourtant employés par beaucoup de calculateurs, comme étant plus conformes à l'esprit du système décimal. Les six autres exceptions sont sur les unités : au lieu de dire dix-un, dix-deux, etc.; on dit *onze*, *douze*, *treize*, *quatorze* , *quinze*, *seize*; ce n'est qu'à *dix-sept* que le système se remet.

Ce que nous venons de dire renferme la numération parlée d'une manière complète. Mais on peut faire quelques remarques utiles pour aider la mémoire. On peut remarquer la répétition des mots; *dixaine*, *centaine* qui revient périodiquement après lès mots *unité, mille, million*, *billion*, etc. Ces derniers mots qui paraissent de trois en trois rangs, forment une espèce de cadre de la numération qui aide l'esprit à comprendre les grands nombres, parce que cela les partage en tranches de trois ordres : la tranche des unités, la tranche des mille, la tranche des millions, etc.

La considération de ces tranches aide aussi pour *l'écriture* des nombres sous la dictée. On écrit d'abord la tranche des billions qu'on entend nommer, si c'est aux billions que commence le nombre, ensuite celle des millions, ensuite celle des mille, ensuite celle des unités, et l'on n'a jamais que trois chiffres à mettre à chaque tranche.

On sépare même quelquefois réellement par des virgules les grands nombres en tranches, de cette manière : 350, 822, 662, 257. Mais on doit alors prendre garde de ne pas confondre ces virgules avec celle qui sert à manquer la place des unités.

Dans un nombre décimal 34,832 on pourrait aussi convertir les 34 unités en décimales, ce qui ferait trente-quatre mille huit cent trente-deux millièmes. En général on peut toujours convertir ce qui précède un rang, un unités de ce rang.

Les unités décimales vont en décroissant, et les unités entières, c'est-à-dire celles à gauche de la virgule vont en croissant à partir de la virgule. Mais si l'on part d'un bout du nombre, tout croît en allant à gauche et tout décroît en allant à droite.

(7). Un marchand de province, faisant ses emplettes à Paris, a pris pour 123 fr. dans un magasin, pour 3463 fr. dans un autre, pour 5004 fr. dans un autre, pour 12049 dans un autre, pour 29 fr. dans un autre.

Combien a-t-il employé d'argent?

$$\begin{array}{r} 123^{f} \\ 3463 \\ 5004 \\ 12049 \\ 29 \\ \hline 20668^{f} \end{array}$$

Je vois que c'est une addition que j'ai à faire. Je dispose mes nombres comme l'on voit, et je dis 3 et 3 font 6 et 4 font 10 et 9 font 19 et 9 font 28; ou d'une manière plus courte: 3, 6, 10, 19, 28. Cela se décompose en 2 unités du second ordre et 8 du premier. J'écris les 8 unités du premier ordre à la première place, et je porte les 2 unités du second ordre à la colonne du second ordre, en disant 2, 4, 10, 14, 16; je pose 6 et je retiens un, ainsi de suite.

(8). Un banquier avait 3470857 fr. dans sa caisse; il en tire une somme de 536273 fr. Combien y reste-t-il? Je vois que c'est une soustraction à faire.

$$\begin{array}{r} 3470857^{f} \\ 536273 \\ \hline 2934584^{f} \end{array}$$

Je dis 3 otés de 7, ou plus brièvement, 3 de

7, il reste 4; 7 de 15 (en empruntant 1), il reste 8; 2 de 7, ou bien 3 de 8, il reste 5; 6 de 10, il reste 4; ainsi de suite. Si nous avions

$$\begin{array}{r} 34008003 \\ 425786 \\ \hline 33582217 \end{array}$$

nous dirions, 6 de 13, il reste 7, 8 de 9, ou 9 de 10, car on imagine que 8 a prêté 1 qui vaut 10 à la place suivante, ce 10 prête 1 qui vaut 10 à la place suivante; ce 10 prête 1 qui fait 13 à la place suivante: les zéros comptent donc pour 9. On peut les compter pour 10, comme il a été dit, en augmentant le chiffre inférieur.

Un marchand a 27435 fr. dans son comptoir le dimanche, il vend pour 128 fr. le lundi, pour 1270 fr. le mardi, il achète pour 2749 fr. le mercredi, et vend pour 123 fr. Il ne vend rien le jeudi, et achète pour 304 fr.; le vendredi il vend pour 2566 fr., le samedi il achète pour 341 fr., et vend pour 600 fr. Quel est l'état de sa caisse le samedi soir? C'est un mélange d'additions et de soustractions à faire. Indiquons les au moyens des signes: 27435+128+1270+2749 +123—304+2566—341+600. Le résultat sera 28728.

Le maître proposera beaucoup de questions analogues à celle-ci, c'est-à-dire de questions ou il y ait des additions et des soustractions à faire.

Quand le maître propose une question comme celle ci-dessus, sans dire à l'élève quelles sont les opérations à faire, lui laissant à lui le soin de les reconnaître ; c'est alors un problême à résoudre. Mais si le maître écrit des nombres en indiquant les opérations qu'il veut qu'on fasse dessus, c'est un calcul à faire qu'il donne. Pour résoudre un problême, on fait donc deux choses : 1° on reconnaît les opérations à faire, que l'on indique si l'on veut, pour aider la mémoire, comme nous avons fait ci-dessus ; 2° on effectue ces opérations, en d'autres termes, on fait le calcul. C'est par le bon sens, la réflection que l'on fait la première de ces choses, et c'est par les règles de l'arithmétique que l'on fait la seconde.

(9). La preuve de l'addition suivante :

49725	49725
73687	73687
54123	54123
60406	60406
237941	237941
11120	~~1~~~~1~~~~1~~~~2~~0
0000	

se fait en disant : 4, 11, 16, 22 de 23, il reste 1 ; 9, 12, 16 de 17, en joignant au 7 la dixaine qui est restée de la colonne précédente, de 17 dis-je, il reste 1. Ainsi de suite. On peut aussi au lieu de mettre des zéros sous les dixaines que la soustraction détruit, les barrer comme on voit ci-contre.

La preuve de l'addition se fait encore en additionnant sans le premier nombre et en retranchant le résultat de la somme totale, il doit rester le premier nombre.

La preuve de la soustraction suivante ;

87325682
4952745
82372937
87325682

se fait en additionnant 4952745 et 82372937.

(10). Table de Pithagore ou de multiplication ou *livret*.

2.2 = 4							
2.3 6	3.3 = 9						
2.4 8	3.4 12	4.4 = 16					
2.5 10	3.5 15	4.5 20	5.5 = 25				
2.6 12	3.6 18	4.6 24	5.6 30	6.6 = 36			
2.7 14	3.7 21	4.7 28	5.7 35	6.7 42	7.7 = 49		
2.8 16	3.8 24	4.8 32	5.8 40	6.8 48	7.8 56	8.8 = 64	
2.9 18	3.9 27	4.9 36	5.9 45	6.9 54	7.9 63	8.9 72	9.9 = 81

Le maître doit exercer sur la partie qui manque.

(13). Pour multiplier 3487956
par 6734

13951824
10463868
24415692
20927736
23487895704

Je dis : 4 fois 6, 24, je pose 4 et retiens 2 ; 4 fois 5, 20 et 2 de retenue 22, je pose 2 et retiens 2, ainsi de suite. Quand il s'agit de multiplier par le second chiffre 3, je fais de même en avançant son produit, ainsi de suite ; après quoi je fais l'addition.

Trouver le prix de 347 mètres de drap, à raison de 17 francs le mètre. C'est une multiplication ; car il faut répéter 17 francs autant de fois qu'il y a de mètres. Indiquons cette opération : *prix total* $= 17 \times 347$.

Ici 17 est naturellement le multiplicande et devrait être mis dessus ; mais on peut renverser l'ordre des facteurs (14), le mettre dessous, attendu qu'il est plus petit ; ce qui est plus commode dans la pratique.

Un marchand a acheté 342 mètres de drap, à 19 fr. le mètre ; 864 mètres de calicot, à 3 fr. ; 543 mètres de toile, à 4 fr. ; 58 mètres de mousseline, à 7 fr. ; il a vendu 28 mètres de drap, à 23 fr., 60 mètres de toile, à 5 fr. ; il avait 15000 fr. en caisse avant ses achats et ses ventes ; quel est l'état actuel de sa caisse ?

Caisse actuelle $= 15000 - 342 \times 19 - 864 \times 3 - 543 \times 4 - 58 \times 7 + 28 \times 23 + 63 \times 5$.

On fera ces calculs et l'on variera les exemples, soit en changeant les nombres de cette question, soit en imaginant des questions analogues qui se résolvent par des multiplications.

Un moyen commode pour donner des calculs à faire, c'est d'indiquer des opérations sur des lettres, et de faire une table de la valeur des lettres, comme

$$a^3b^2c + ad^3 - b^2c^2$$

Cela signifie que a doit être trois fois facteur, b deux fois et c une fois ; c'est comme s'il y avait $a \times a \times a \times b \times b \times c$ ou $aaabbc$ dans la première partie de l'expression, que l'on appelle le premier *terme*. Toute l'expression en détail revient à $aaabbc + addd - bbcc$. En supposant.

$$a = 8$$
$$b = 6$$
$$c = 3$$
$$d = 4$$

on trouvera $aaabbc$ ou $a^3b^2c \times 8 \times 8 \times 8 \times 6 \times 6 \times 3 = 55296$; ensuite $ad^3 = 512$; $b^2c^2 = 324$. Faisant l'addition et la soustraction,

$$a^3b^2c + ab^3 - b^2c^2 = 55484.$$

Si avec les lettres il y avait un nombre (qu'on appelle *coefficient*), comme $7a^3b^2c$, il faudrait regarder le nombre 7 comme une lettre. L'expression en lettres ci-dessus est appelée un *polynome*.

Pour bien s'exercer on variera les valeurs des lettres et l'on formera d'autres polynomes, avec des coefficients.

(15) Pour multiplier 43000 par 600, je multiplie 43 par 6, ce qui donne 258 et j'ajoute cinq zéros, 25800000.

(16). Encore quelques détails sur la division :

3e *produit partiel.* . . .	2592
2e.	864
1er.	2160

227232	432
	526

Imaginons que le quotient est effacé et qu'il faut le retrouver, nous dirons : quel est le chiffre qui multipliant le diviseur a donné, par exemple, le premier produit partiel 2160 ? Nous voyons facilement (en essayant la multiplication), que c'est 5. Ensuite, quel est le chiffre qui a donné le second produit partiel 864 ? Nous voyons encore que c'est 2. Nous verrions de même que le troisième chiffre est 6. Mais supposons que ces produits soient effacés et que nous ayons.

227232	432
1123	526
2592	
000	

Nous raisonnerons comme il a été dit (16), et nous trouverons 5 pour premier chiffre. Nous formerons son produit par le diviseur, et nous le retrancherons, pour plus de briéveté, à mesure que nous l'obtenons, en disant 5 fois 2, 10 de 12 il reste 2; 5 fois 3, 15 et 1 que nous avons emprunté, 16 de 17 il reste 1; 5 fois 4, 20 et 1, 21, de 22 il reste 1. Au lieu d'abaisser tous les chiffres du dividende, comme le second produit partiel n'avance à droite que d'un rang de plus, nous n'abaissons qu'un chiffre 3 et nous continuons en disant : quel est le chiffre qui, multipliant le diviseur, a donné 1123? C'est 2, que nous plaçons au quotient; et pour découvrir le troisième produit, nous multiplions le diviseur, en retranchant ce second produit à mesure que nous l'obtenons, ainsi de suite.

Faisons encore la division suivante.

	14796327	5736
	33243	2579
	45632	
	54807	
Reste. . . .	3183	

Le dividende est donc le produit du diviseur par le quotient, augmenté du reste 3183. En d'autres termes :

$$14796327 = 5736 \times 2579 = 3183.$$

Quant au reste, nous sommes obligés, pour le moment, de le laisser; mais nous verrons dans la suite qu'on en tire parti, ou par les fractions ordinaires ou par les décimales, ou par les nombres complexes.

Il peut se faire que le quotient doive avoir

des zéros. On le connaît à ce que le produit partiel que l'on veut diviser est plus petit que le diviseur : ce qui signifie qu'il n'y avait pas de chiffre au quotient à cette place, quand on a fait la multiplication : car il aurait donné un nombre au moins égal au diviseur : il y avait donc zéro, qu'il ne faut pas manquer de mettre.

(17). Si le reste était plus grand que le diviseur on aurait mis un chiffre trop faible au quotient.

(18). Que l'on ait partagé 100 fr. à 20 pauvres, par portions égales, il est évident que la part d'un pauvre répétée 20 fois (ou multipliée), ferait la somme partagée ; donc la part est un facteur trouvé ou un quotient (16). Secondement, qu'on ait trouvé qu'un sac de 6 décalitres était contenu 50 fois dans un grenier, que l'on a vidé; il est évident que le sac répété 50 fois (ou multiplié) reproduirait le grenier ; donc 50 est un facteur ou un quotient (16). Troisièmement, un sac d'argent destiné à payer 7 ouvriers est rendu 7 fois plus petit, parce que ce jour là le nombre d'ouvriers est devenu 7 fois plus petit, attendu qu'un seul est venu. Le sac ainsi diminué est un facteur trouvé ; car si on le rendait 7 fois plus grand, (ou si on le multipliait par 7 ((11), il donnerait évidemment le premier sac.

Dans les applications ou résolutions de problêmes, il est rare que la division se présente sous le point de vue qui a servi à en exposer la théorie, et qui convient le mieux pour cela: mais on aura soin de se rappeler les autres définitions (18) pour la reconnaître dans les énoncés de problêmes.

Le gouvernement veut distribuer, par égales portions, à 8269 personnes, une indemnité de 2869343 fr. Quelle est la part de chaque personne? C'est une division à faire; car il s'agit de partager le dividende en autant de parties égales qu'il y a d'unités dans le diviseur. On trouvera 347 fr. pour chaque personne. On indiquera ainsi cette opération :

$$\textit{Chaque portion} = \frac{2869343}{8269},$$

$$\text{ou bien} = 2869343 : 8269.$$

Un marchand a employé 323404 fr. à de la marchandise qui lui coûtait 347 fr. le kilogramme, combien en a-t-il acheté de kilogrammes? Il faut chercher combien de fois 347 fr. est contenu dans 323404: c'est une division. On trouvera 932 kilogrammes.

34 ouvriers on fait 578 mètres d'ouvrage: on va n'en faire travailler qu'un durant le même temps. Combien en fera-t-il? Il faut rendre 34 fois plus petit le nombre 578: c'est donc une division. On trouvera 17 mètres.

On se proposera un grand nombres de questions de ce genre.

Un marchand vend 15 mètres de drap, à 3 fr.

de plus le mètre que ne lui coûte ce drap; et 34 mètres lui avaient coûté 782 fr. Pour quelle somme a-t-il vendu du drap? En y réfléchissant nous voyons qu'il faut trouver le prix du drap: pour cela diviser le prix total de l'achat par le nombre de mètres; augmenter le prix de 3 fr. et le multiplier par 15. Indiquons ces opérations.

$$\textit{Nombre cherché} = \left(\frac{782}{34} + 3\right) \times 15 = 390.$$

La parenthèse indique que le signe de multiplication ne porte pas seulement sur le nombre voisin 3, mais sur le résultat de tout ce qui est dans la parenthèse. La parenthèse sert, en général, à lier en *un seul tout*, plusieurs nombres unis par diverses opérations indiquées, et alors si un signe d'une nouvelle opération porte sur la parenthèse, c'est sur le résultat de tout ce qui est dedans.

Pour habituer les élèves à diviser facilement un nombre par un seul chiffre, nous proposerons l'exercice suivant :

2437963770853	2
1218981885426	
609490942713	
304745471356	
. . . . . .	
. . . . . .	
2437963770853	3
812654590251	
. . . . . .	
. . . . . .	

qui consiste à diviser sans écrire les restes, un nombre par 2, en écrivant, pour plus de commodité, le quotient sous le dividende; à diviser de nouveau par 2 ce quotient qui est 1218981854 26; à diviser ce quotient par 2, ainsi de suite, jusqu'à ce que le nombre soit épuisé; à reprendre après cela le premier dividende et à le diviser par 3 comme l'on a fait par 2, ensuite par 4, jusqu'à 9.

(19). Il y a pour la multiplication ce qu'on appelle la preuve par 9. Sa théorie nous conduirait trop loin; mais voici comment on l'applique. Soit la multiplication

```
    47382
     4535
   ------
   236910
  142146
 236910
189528
---------
214877370
```

```
 \ 6 /
48 X 3
 / 8 \
```

On ajoute les chiffres du multiplicande en laissant tous les 9, comme: 4 et 7, 11, je laisse 9, je retiens 2, et 3, 5, et 8, 13, je retiens 4, et 2, 6. J'écris 6, comme l'on voit; je fais de même sur le multiplicateur et je trouve 8. Je dis 6 fois 8, 48, que j'écris comme l'on voit. Je fais sur 48 ce que j'ai fait sur le multiplicande et le multiplicateur et je trouve 3. Je vais faire la même chose sur le produit et je dois trouver 3. Alors je barre 3 pour me souvenir, en revoyant mon calcul, que la preuve a été bonne.

Pour appliquer cette preuve à la division il faut se souvenir que le diviseur et le quotient sont les facteurs ; mais pour que le dividende soit le véritable produit, il doit être débarrassé du reste de la division.

(20) *Addition des nombres décimaux.*

```
 4837,5683
  762,393
   45,04
   89,7854
 ---------
 5734,7867
```

Soustraction.

```
 149708,3406
  57086,4753
 -----------
  92621,8653
```

(21). *Multiplication.*

```
    347,832
     23,48
   --------
    2782656
   1391328
  1043496
  695664
 ----------
 8167,09536
```

Autre

```
   0,4534
   0,0052
 ---------
     9068
    22670
 ----------
 0,00235768
```

(22). *Division.*

```
543,26.25 | 8,34
 4286     | 65,13
  1162
   3285
    783
```

J'ai transporté la virgule du dividende de deux rangs.

```
47932,630| 825,357
 6664780 | 58
   61924
```

Nous avons mis un zéro au dividende, pour faire faire trois pas à la virgule comme dans le diviseur.

(23). Si le nombre à diviser a déjà des décimales et qu'il en donne au quotient, par les zéros on lui en fait donner un plus grand nombre si l'on veut. Dans l'avant dernière opération, où le reste est 783, avec un zéro, deux zéros, nous obtiendrons encore des décimales à la suite des 13 centièmes du quotient.

Quand on fait une division de nombres entiers, on peut tirer parti du reste par les décimales: car en ajoutant un zéro, deux zéros, on convertit le dividende ou le reste en dixièmes, centièmes. Soit à diviser 832 unités par 53 unités. J'obtiens le nombre de décimales que je veux, comme l'on voit, si la division ne se termine pas, en ajoutant des zéros.

```
832  | 53
302  |--------
 370 | 15,6981
  520
   430
    60
     7
```

Pour s'exercer sur le calcul décimal on reprendra les expressions littérales que nous avons proposées ((13)), et pour a, b, c, d, on mettra des nombres décimaux : par exemple, $a = 8,3$; $b = 5,37$; $c = 4,5$; $d = 0,42$; et l'on refera les calculs. On fera bien de reprendre aussi tous les problèmes.

(24). Myria.
Kilo.
Hecto.
Déca.
. . . . mètre, are, litre, gramme. franc (irrégul.)
Déci.
Centi.
Milli.
Dix-milli.
Cent-milli.
Millioni.
Etc.

Il n'y a qu'à rapprocher les mots *mètre*, *are*, etc., pour avoir tous les noms des nouvelles mesures.

Combien 43 mètres, 32 de drap, coûteront-ils, à raison de 17f,45 le mètre ? C'est une multiplication, on trouve 755f,9340.

$43^{m},32$ ont coûté $755^{f},934$, à combien revient le mètre de drap? C'est une division, on trouvera $17^{f},45$.

Trouver la surface du plancher d'une chambre ayant $7^{m},43$ de longueur et $5^{m},28$ de largeur. On démontre en géomérie qu'il faut multiplier la longueur par la largeur.

Réponse, $39^{m.\ quar.}$, 2304.

Les 2 dixièmes de mètre quarré sont deux bandes d'un mètre de longueur et un décimètre de largeur. Les centièmes de mètre quarré sont aussi des bandes d'un centimètre de largeur et un mètre de longeur. Ainsi on doit dire 23 centièmes de mètre quarré, et non 23 centimètres quarrés. Si l'on veut après la virgule employer le quarré des décimales, une décimale, comme on verra par la suite; en se quarrant s'abaisse dans son ordre encore d'autant de rangs qu'elle l'est déjà, il faudra donc dire, 23 décimètres quarrés, car le mot *quarré* abaisse les dixièmes aux centièmes. On dira 2304 dix-millièmes de mètre quarré, ou 2304 centimètres quarrés, Il faut, pour énoncer les décimales de cette seconde manière, que leur nombre soit pair afin d'employer le nom de la décimale du milieu; s'il ne l'était pas on mettrait ou l'on imaginerait un zéro, 0,473, ou 0,4730 s'énoncera 4730 centimètres quarrés.

La surface d'une chambre à $39^{m,quar.}$,2304,

sa longueur est $7^{m},43$, qu'elle est sa largeur? C'est une division, on doit retrouver $5^{m},28$.

Cette même chambre a $3^{m},47$ de hauteur, quelle est sa capacité (ou solidité ou volume)? C'est-à-dire, combien contiendra-t-elle de mètres cubes de blé, par exemple? La géométrie démontre encore que l'on doit multiplier ensemble la longueur, la largeur et la hauteur, c'est-à-dire les trois dimensions. Deux ont déjà été multipliées ci-dessus et ont donné $39^{m},2304$; il reste à multiplier par $3^{m},47$, ce qui donne $136^{m.\ cubes.}$, 129488. Les décimales s'énonceront 129488 millionièmes de mètre cube ou bien 129488 centimètres cubes, car l'ordre d'une décimale devient trois fois plus bas en se cubant. Il faut donc employer le nom qui, sans *cube*, convient à l'ordre qui n'est que le tiers de celui qu'on veut désigner. Si le nombre des chiffres décimaux n'avait pas de tiers, comme s'il y avait sept chiffres, ou huit, ou dix, ou onze, on imaginerait des zéros pour faire ou neuf chiffres décimaux, ou douze, ou quinze, etc.

Quand on prononce le mot de mètre cube, a une décimale, comme un dixième de mètre cube, un cientième de mètre cube : il s'agit d'une plaque qui a un mètre de longueur et de largeur et ensuite un décimètre, ou un centimètre d'épaisseur.

(26). Que celui qui aurait de la peine à saisir la définition des fractions se figure quelqu'un qui, comptant des feuilles de papier (ou unités), en découpe une en sept parties égales, par exemple, et prend à la main trois de ces parties; 3 est le numérateur, car il indique combien on a de parties, et 7 est le dénominateur, il désigne combien il faut des ces parties pour faire l'unité.

(27). Une fraction se convertit en nombre décimal par la division (23).

(31). *Exemples de Multiplication et de Division.*

Multiplication	Division
$\frac{4}{5} \times 3 = \frac{12}{5}$	$\frac{4}{5} : 3 = \frac{4}{15}$
$\frac{4}{9} \times 5 = \frac{20}{9}$	$\frac{4}{9} : 5 = \frac{4}{45}$
$\frac{8}{13} \times 4 = \frac{32}{13}$	$\frac{8}{13} : 4 = \frac{8}{52}$
$\frac{4}{5} \times \frac{3}{7} = \frac{12}{35}$	$\frac{4}{5} : \frac{3}{7} = \frac{28}{15}$
$\frac{5}{6} \times \frac{3}{7} = \frac{15}{42}$	$\frac{5}{6} : \frac{3}{7} = \frac{35}{18}$
$\frac{2}{9} \times \frac{5}{8} = \frac{10}{72}$	$\frac{2}{9} : \frac{5}{8} = \frac{16}{45}$
$\frac{8}{13} \times \frac{5}{6} = \frac{40}{78}$	$\frac{8}{13} : \frac{5}{6} = \frac{48}{65}$
$\frac{132}{835} \times \frac{17}{23} = \frac{2244}{19205}$	$\frac{132}{835} : \frac{17}{23} = \frac{3036}{14195}$
$5 \times \frac{3}{7} = \frac{15}{7}$	$5 : \frac{3}{7} = \frac{35}{3}$
$8 \times \frac{4}{9} = \frac{32}{9}$	$8 : \frac{4}{9} = \frac{72}{4}$
	$1 : \frac{3}{7} = \frac{3}{7}$

(32). *Exemples d'Addition et de Soustraction.*

$$\frac{2}{3}+\frac{4}{5}+\frac{5}{8}+\frac{5}{7}+\frac{2.5.8.7}{3.5.8.7}+\frac{4.3.8.7}{5.3.8.7}+\frac{5.3.5..}{8.3.5.7}$$
$$+\frac{5.3.5.8}{7.3.5.8}=\frac{560}{840}+\frac{672}{840}+\frac{525}{840}+\frac{650}{840}$$
$$=\frac{560+672+525+600}{840}=\frac{2357}{140};$$

$$\frac{2}{7}+\frac{4}{9}-\frac{2}{5}+\frac{8}{13}=\frac{1170}{4095}+\frac{1820}{4095}-\frac{1638}{4095}+\frac{2520}{4095}$$
$$=\frac{3872}{4095};$$

(33). Supposons qu'il y ait des nombres entiers.

$$\frac{3}{5}+\frac{2}{7}-\frac{3}{8}+6-\frac{1}{3}=\frac{504}{840}+\frac{240}{840}-\frac{315}{840}$$
$$+\frac{5040}{040}-\frac{280}{840}=\frac{5189}{840}.$$

Mélange des quatre règles.

$$\left(\frac{2}{3}+\frac{3}{5}\right)\times\left(\frac{4}{5}+\frac{1}{2}-\frac{2}{7}\right)\times\frac{12}{17}=\frac{19}{15}$$
$$\times\frac{71}{70}\times\frac{12}{17}=\frac{15188}{17850}.$$

Nous avons dû réduire chaque parenthèse à une fraction (18), avant de commencer les multiplications.

$$\left(\frac{3}{4}+\frac{2}{5}+\frac{1}{7}\right):\left(\frac{4}{6}+\frac{2}{3}\right)=\frac{181}{140}:\frac{22}{15}=\frac{2715}{3080}.$$

$$\left(\frac{2}{5}-\frac{1}{7}\right)\times\left(\frac{4}{9}+\frac{2}{11}\right)\times\frac{23}{8}\times 13=\frac{9}{35}$$
$$\times\frac{62}{99}\times\frac{23}{8}\times 13=\frac{166842}{27720}.$$

Le calcul des fractions étant ce qu'il y a de plus important, les élèves devront se rendre bien familiers ces exemples et les varier en changeant la valeur des fractions On pourra former des polynomes ((13)) et mettre ensuite des fractions à la place des lettres. L'expression $abc+ad-bc$ par exemple, en faisant

$a=\frac{2}{3}$, $b=\frac{4}{5}$, $c=\frac{2}{7}$, $d=\frac{5}{11}$ devient

$$\frac{2}{3}\cdot\frac{4}{5}\cdot\frac{2}{7}+\frac{2}{3}\cdot\frac{5}{11}-\frac{4}{5}\cdot\frac{2}{7}=\frac{16}{105}+\frac{10}{33}-\frac{8}{55}$$

$$=\frac{27510}{121275}.$$

Les nombres décimaux ou fractions décimales, comme 84,732 ; 0,3498 sont de véritables fractions, car elles reviennent à $\frac{84732}{1000}$ et $\frac{3498}{10000}$; car l'unité suivie de zéros pour dénominateur fait le même effet que la virgule, qui est de rendre 10 fois, 100 fois plus petit. On pourrait donc appliquer les règles des fractions *ordinaires*, et l'on arriverait au même résultat.

(39). Trouver le plus grand commun diviseur entre 49152 et 26244 :

	1	1	6	1	6	1	1	18
49152	26244	22908	3336	2892	444	228	216	12
22908	3336	2892	4440	228	216	12	96	

(On a mis les quotients par dessus, afin de conserver la place de dessous pour les restes).

Le septième reste 12 a divisé exactement le sixième qui est 216. C'est 12 qui sera le plus grand commun diviseur. Trois restes consécutifs, par exemple, 2892, 444 et 228 ont été dividende, diviseur et reste dans une des divisions; alors $2892 = 444 \times 6 + 228$ ou $2664 + 228$, c'est-à-dire, un multiple du divseur augmenté du reste.

Autre Exemple.

	2	1	6	3	1	4	6
7359	2571	2217	354	93	75	18	3
2217	354	93	75	18	3	0	

Le plus grand commun diviseur est ici 3. La fraction $\frac{2571}{7359}$ se réduit donc à $\frac{857}{2453}$ en divisant les deux termes par 3. La fraction $\frac{26244}{49152}$ se réduit à $\frac{2187}{4096}$ en divisant par 12.

	4	1	1	4	1	2	5	1	3
3443	757	415	342	73	50	23	4	3	1
415	342	73	50	23	4	3	1	0	

Ici le plus grand commun diviseur est l'unité, c'est-à-dire, que les nombres sont premiers entre eux. La fraction $\frac{757}{3443}$ est donc irréductible.

(41). Pour décomposer les nombres en facteurs premiers, on dispose ordinairement le calcul comme il suit :

90	2	504	2.
45	3	252	2.
15	3	126	2.
5	5	63	3.
		21	3.
		7	7.

Soit 90 à décomposer, on le divise par 2, ensuite par 3, par 5, autant de fois que possible, en mettant les diviseurs à droite d'un trait vertical, et les quotients successifs à gauche. On trouvera :

$$90 = 2 \times 3 \times 3 \times 5.$$

Le nombre $504 = 2 \times 2 \times 2 \times 3 \times 3 \times 7$.

(43). Le nombre $2 \times 2 \times 3 \times 5 \times 7$. ne peut diviser $2 \times 2 \times 3 \times 3 \times 5 \times 5 \times 11 \times 13$, car un de ses facteurs 7 ne se trouvant pas dans le dividende, quand on le multipliera par le quotient, le produit aura toujours le facteur 7 que n'a pas le dividende et ne pourra lui être égal (42).

(44). Le plus grand commun diviseur des deux nombres ; 2.2.2.3.3.5.7.7.13.17 et 2.2.3.3.3.5 7. 13.13.19, sera 2.2.3.3.7.13, qui est formé des facteurs premiers communs aux deux nombres.

(45). Le plus petit multiple serait 2.2.2.3 3. 3.3.5.7.7.13.13.17.19.

(46). Soient les fractions :

$$\frac{3}{4} + \frac{5}{8} + \frac{2}{15} + \frac{7}{12} + \frac{13}{24} + \frac{1}{6} + \frac{2}{3} + \frac{2}{5} + \frac{11}{20}$$

qui, réduites au même dénominateur par le

procédé ordinaire, donneraient des termes très-grands ; en décomposant les dénominateurs en leurs facteurs simples ou premiers elles deviennent.

$$\frac{3}{2.2}+\frac{5}{2.2.2}+\frac{2}{3.5}+\frac{7}{2.2.3}+\frac{13}{2.2.2.3}+\frac{1}{2.3}+\frac{2}{3}$$
$$+\frac{2}{5}+\frac{11}{2.2.5}.$$

Le multiple le plus simple des dénominateurs est 2.2.2.3.5.=120 ; il faudra multiplier le dénominateur de la première par 2.3.5., pour qu'il devienne 2.2.2.3.5 ; et pour que la fraction ne soit pas altérée, il faut multiplier aussi le numérateur. Le dénominateur de la seconde doit être multiplié par 3.5. et le numérateur aussi etc., de manière que nous aurons :

$$\frac{90}{120}+\frac{75}{120}+\frac{16}{120}+\frac{70}{120}+\frac{65}{120}+\frac{20}{120}+\frac{80}{120}$$
$$+\frac{48}{120}+\frac{66}{120}=\frac{530}{120}.$$

On ne doit guère réduire les fractions au même dénominateur que par cette méthode, attendu que c'est une imperfection de calcul que de ne pas obtenir les plus petits termes possibles.

Souvent on n'a pas besoin de faire la décomposition en forme, on l'aperçoit. Dans $\frac{5}{12}+\frac{3}{8}$ $+\frac{7}{15}$ je vois tout d'un coup que le dénominateur doit avoir 2 trois fois, 3 une fois et 5 une fois.

(49). Extraire la racine de 473268

47.32.68	687
113.2	12
1086.8	136
1299	

J'oublie 68, disons-nous, et j'extrais la racine de 4732 qui est 68. Je regarde cela comme 68 dixaines, je les doubles et j'écris ce double qui est 136, sous 12 qui était le double du premier chiffre trouvé. Si 8 doublé ne me donnait pas de retenue, je pourrais l'écrire à côté de 12 sans me déplacer. Ensuite, par ce double des dixaines 136, je divise le double produit des dixaines par les unités, qui vient jusques à l'avant dernier chiffre 6. Le quotient est 7 : ce sont les unités. Je les vérifie en formant le quarré et les multipliant par 136, double des dixaines. Le nombre dont nous venons d'extraire la racine n'est pas un quarré parfait, c'est le quarré de 687 augmenté de 1299.

Autre exemple.

8.73.95.63.47.28	295627
47.3	4
329.5	58
3706.3	590
16274.7	59124
445032.8	
311599	

La preuve de l'extraction de la racine se fait en *élevant la racine trouvée ou quarré* et ajoutant le reste.

Les élèves doivent beaucoup s'exercer à l'extraction des racines, ou sur des nombres pris au hasard, ou en élevant d'avance des nombres au quarré.

$$\sqrt{8048569} = 2837.$$

$$\sqrt{1206530225} = 34735.$$

$$\sqrt{237485698662} = 487325\text{; il reste } 43037.$$

$$\sqrt{672408724828310189 52} = 8200053200.$$

Le reste est 778952,

(50) Pour élever la fraction $\frac{3}{7}$ au quarré, il faut la multiplier par elle-même, $\frac{3}{7} \times \frac{3}{7} = \frac{9}{49}$; pour avoir la racine de $\frac{9}{49}$ ou d'une autre fraction, il faut donc extraire la racine du numérateur et du dénominateur séparément.

$$\sqrt{\frac{4}{25}} = \frac{2}{5}; \quad \sqrt{\frac{16}{36}} = \frac{4}{6}; \quad \sqrt{\frac{25}{81}} = \frac{5}{9}.$$

Si l'on a $\sqrt{\frac{3}{8}}$, on multipliera haut et bas par 8, pour rendre au moins le dénominateur un quarré parfait et l'on aura :

$$\sqrt{\frac{3}{8}} = \sqrt{\frac{3.8}{8^2}} = \sqrt{\frac{24}{64}} = \frac{4}{8} \text{ à } \frac{8}{1} \text{ près.}$$

Le lecteur voit bien qu'il est inutile de multiplier 8 par lui-même pour en extraire ensuite la racine : il suffit de multiplier le numérateur.

D'après ce procédé l'on trouvera que

$$\sqrt{\frac{5}{11}} = \frac{\sqrt{55}}{11} = \frac{7}{11}, \text{ à } \frac{1}{11} \text{ près.}$$

$$\sqrt{\frac{13}{47}} = \frac{\sqrt{13.47}}{47} = \frac{\sqrt{611}}{47} = \frac{24}{47}, \text{ à } \frac{1}{47} \text{ près.}$$

$$\sqrt{\frac{27}{143}} = \frac{\sqrt{27.143}}{143} = \frac{62}{143}, \text{ à } \frac{1}{143} \text{ près.}$$

(51). Extraire la racine de 38 à $\frac{1}{7}$ près.

Je le multiplie par 49, ce qui fait 1862, dont la racine, à une unité près, est 43. Donc $\sqrt{38} = \frac{43}{7}$ à $\frac{1}{7}$ près.

D'une manière abrégée:

$$\sqrt{38} = \sqrt{\frac{38.49}{49}} = \frac{\sqrt{1862}}{7} = \frac{43}{7}, \text{ à } \frac{1}{7} \text{ près.}$$

De même

$$\sqrt{38} = \sqrt{\frac{38.81}{81}} = \frac{\sqrt{3078}}{9} = \frac{55}{9}, \text{ à } \frac{1}{9} \text{ près.}$$

$$\sqrt{38} = \sqrt{\frac{38.(123)^2}{(123)^2}} = \frac{\sqrt{38.(123)^2}}{123} \frac{\sqrt{38.15129}}{123}$$

$= \frac{\sqrt{574902}}{123} = \frac{758}{123}$, à $\frac{1}{123}$ près. On trouvera que la racine de 473 à $\frac{1}{12}$ près, est $\frac{260}{12}$; à $\frac{1}{72}$ près, elle serait $\frac{1565}{72}$.

(52). Extraire la racine de 547 à $\frac{1}{10}$ près. J'y ajoute une paire de zéros, 54700, ce qui remplace la multiplication par le quarré de 10. Je me souviendrai de séparer une décimale après l'extraction, ce qui remplacera le dénominateur ; ou bien je place une virgule en faisant l'opération, quand j'arrive à la tranche de zéros, ou bien plus simplement, je n'ajoute une tranche de zéros que quand j'en ai besoin, en mettant en même temps une virgule. Si je veux des centièmes, des millièmes, je mets deux, trois, paires, etc., de zéros. Voici l'opération.

5.47	23,388
147	466
1800	4676
41100	
375600	
1456	

(53). Pour la fraction décimale 0,04835 elle se change en $\frac{4835}{100000}$. Pour rendre le dénominateur un quarré parfait il s'uffit d'y mettre encore un zéro, nous aurons $\frac{48350}{1000000}$. Il faut maintenant extraire la racine du numérateur, et séparer, quand nous aurons fini, trois décimales. Nous arrivons au même but en conservant le numérateur sous la forme décimale 0,04835 et opérant dessus, en commençant les tranches à la virgule, et plaçant la virgule dans la racine, avant de nous occuper de la première tranche décimale. De cette manière :

0,04.83.5	0,219
083	42
4250	
389	

Je mets zéro à la racine pour les unités. Ensuite je fais des tranches de deux chiffres à partir de la virgule. La dernière n'est pas complète, je ne la complèterai par un zéro que quand j'y arriverai. Je dis : la racine de la première tranche ·04 ou 4, est 2 que je mets à la racine, et je continue mon opération comme l'on sait. Quand j'abaisserai 5 je mettrai 50. Si au lieu de trois décimales qui viennent naturellement à la racine, j'en veux quatre, j'écrirai encore une paire de zéros à côté du reste, ainsi de suite.

Pour la fraction 0,000003489 57 on aura à placer deux zéros à la racine après la virgule. Voici l'opération :

0,00.00.03.48.95.7	0,001868
248	2
2495	35
29970	372
146	

Si la fraction décimale a des unités, comme 684,258, l'opération ne diffère qu'en ce qu'au lieu de placer la virgule en commençant on attendra d'y être arrivé. Voici le calcul :

6.84,25.8	26,15
284	4
825	522
30488	
4355	

On ira plus loin si l'on veut.

Exercice sur les racines.

$\sqrt{8435} = 91,84225\ldots$

$\sqrt{6} = 2,4494897\ldots$

On voudrait prendre dans un champ une pièce

de terre quarrée et ayant 18769 mètres quarrés de surface, on demande quelle doit être la longueur (ou largeur) de la pièce. Il faut que la longueur de la pièce, multipliée par elle-même, donne la surface 18769. Il faut donc extraire la racine de ce nombre : or,

$$\sqrt{18769}=137.$$

Résoudre la même question en supposant que la surface doive être 4835.

$\sqrt{4835}=69^m,534$ à un millimètre près.

On démontre en géométrie que le quarré de l'hypoténuse d'un triangle rectangle (c'est le côté opposé à l'angle droit), est égal à la somme des quarrés des deux autres côtés. D'après cela, trouver la longueur d'une échelle appliquée contre un mur de $7^m,32$ de hauteur, et s'écartant par le pied de $3^m,27$. L'échelle étant l'hypoténuse du triangle, il suffit d'élever au quarré la hauteur du mur et l'écartement, de les ajouter ensemble pour avoir le quarré de la longueur de l'échelle. Il suffira donc d'en extraire la racine pour avoir la longueur de l'échelle. En abrégé :

$$\begin{aligned} \textit{Echelle} &= \sqrt{(7,32)^2+(3,27)^2} \\ &= \sqrt{53,5824+10,6929} \\ &= \sqrt{64,2753}=8^m017\ldots \end{aligned}$$

Si l'on donnait la longueur de l'échelle, par exemple, $9^m,42$ et l'écartement, par exemple, $3^m,54$, on pourrait calculer la hauteur du mur en retranchant le quarré de l'écartement du quarré de l'échelle ; cela donnerait le quarré de la hauteur du mur ; et on extrairait la racine, de cette manière :

$$\textit{Hauteur du mur} = \sqrt{(9.42)^2-(3,54)^2}$$
$$= \sqrt{88,7364-12,5316}$$
$$= \sqrt{76,2048} = 8^{m},729. \; . \; . \; .$$

Enfin deux côtés d'un tiangle rectangle étant donnés on peut toujours trouver le troisième. La charpente offre une foule de triangles rectangles qu'il sera très utile de calculer, comme : trouver la longueur des chevrons d'un toit, quand on connaît la hauteur du toit et la largeur du bâtiment. Le chevron avec la hauteur du toit et la demi-largeur du bâtiment forment un triangle rectangle, dont il est l'hypoténuse. Sa longueur se calculera donc comme celle de l'échelle.

Trouver le chemin que fait un bateau, qui traversant une rivière de $147^{m},23$ de largeur, dont le courant l'entraîne un peu, sort à $132^{m},4$ au-dessus du point vis-à-vis celui de son départ.

(56) Pour convertir 15 toises 3 pieds 5 pouces 7 lignes en fraction, je multiplie 15 par 6, ce qui donne 90^{pi} ; j'y ajoute les 3^{pi} ce qui fait 93^{pi}. Je multiplie cela par 12 et j'ajoute 5^{p^o}, ainsi de suite, ce qui fait 13459^{li}. il faut 864 lignes pour faire la toise, comme on le trouvera

en convertissant une toise en lignes ; donc

$15^{t}\ 3^{pi}\ 5^{po}\ 7^{li} = \frac{13459}{864}$ toises.

On trouvera aussi $17^{tt}\ 13^{s}\ 3^{d} = \frac{4239}{240}$ tt

$34^{liv.}\ 5^{onces}\ 3^{gros}\ 2^{den.}\ 19^{grains} = \frac{316507}{9216}$ liv.

(37). Convertissons en nombre complexe une fraction, $\frac{4795^{toises}}{263}$, par exemple :

4795	263
2165	$18^{to}\ 1^{pi}\ 4^{po}\ 8^{li}\ \frac{104}{263}$
61	
6	
366	
103	
12	
206	
103	
1236	
184	
12	
368	
184	
2208	
104	

Si l'on nous avait dit que la fraction de toise que nous venons de convertir était une fraction de livre poids, nous aurions obtenu nos subdivisions en onces, gros, etc. : si c'était une fraction de livre monnaie, nous les aurions obtenues en sous, deniers.

Pour s'exercer on convertira en nombres

complexes des fractions prises au hassard, que l'on regardera comme des fractions ou de toise, ou de livre, etc., tant qu'aucune question ne les déterminera.

Les deux conversions se servent mutuellement de preuve. Il est entendu que quand on doit retrouver la fraction d'où l'on est parti, il faut réduire la fraction trouvée à sa plus simple expression.

(58). Les additions et soustractions de nombres complexes ne se font guère par les fractions, car le calcul serait plus long. Faisons la multiplication et la division, (par les fractions).

Soit à multiplier $28^{\text{#}}\ 16^{s}\ 9^{d}$ par $18^{t}\ 5^{pi}\ 10^{po}\ 8^{li}$; on trouvera $(28^{\text{#}}\ 16^{s}\ 9^{d}) \times (18^{t}\ 5^{pi}\ 10^{po}\ 8^{li}) = \frac{6921}{240} \times \frac{16400}{864} = \frac{113504400}{207360}$, convertissant en nombre complexe $= 547^{\text{#}}\ 7^{s}\ 6^{d}\ \frac{5}{6}$ (en reduisant la fraction.)

Soit à diviser $147^{\text{#}}\ 8^{s}\ 7^{d}$ par $32^{t}\ 2^{pi}\ 5^{po}\ 11^{li}$; on trouvera $(147^{\text{#}}\ 8^{s}\ 7^{d}) : (32^{t}\ 2^{pi}\ 5^{po}\ 11^{li})$; $= \frac{35383}{240} : \frac{28007}{864} = \frac{30570912}{6721680}$, convertissant en nombre complexe $= 4^{\text{#}}\ 10^{s}\ 11^{d}\ \frac{15275}{28007}$, réduction faite.

Remarque sur la nature des nombres.

On ne peut additionner ensemble que des nombres de même nature; il ne faudrait pas, par exemple, additionner des toises, pieds et pouces avec des livres, onces etc. *Le résultat de l'addition est de même espèce que les nombres additionnés*, Pour la soustraction il en est de même. Quant à la multiplication, *le multiplicateur est toujours abstrait* puisque c'est toujours un nombre de fois. *Le produit est de même nature que le multiplicande* puisqu'il en est composé. Dans la division, comme un des facteurs doit être de même nature que le produit, il s'ensuit que le *quotient est de même nature que le dividende, si le diviseur ne l'est pas; et si le diviseur l'est déjà*, la condition se trouvant remplie, *le quotient peut être d'une espèce différente* : c'est l'énoncé de la question qui le fait connaître.

(59). *Addition.*

17^{t}	5^{pi}	7^{po}	$9^{li.}$
8	3	11	2
237	2	3	6
263^{t}	5^{pi}	10^{po}	$5^{li.}$

Dans la première colonne à droite, je fais la retenues par douzaines, de manière que pour 17 lignes, je pose 5 lignes et retiens un pouce. A la seconde je retiens de même, et à celle des pieds, c'est par 6 que je retiens.

Soustraction.

23^{t}	5^{pi}	4^{po}	$11^{li.}$
17	3	9	6
6^{t}	1^{pi}	7^{po}	$5^{li.}$

A la seconde colonne en venant de la gauche j'emprunte 1 qui vaut 12 et 4 font 16, etc.

Le lecteur se proposera des additions et des soustractions de toutes sortes de nombres complexes.

Voici une espèce de nombre complexe qu'on rencontre continuellement en trigonométrie et sur laquelle nous ferons une remarque :

18°	27′	39″	53‴
12	43	51	19
73	5	34	32
123	55	41	48
226°	12′	47″	32‴

Ce sont des dégrés, minutes, secondes, tierces etc., l'usage est de les marquer comme l'on voit ci-dessus. Le degré est la 90me partie du quart de la circonférence, suivant l'ancienne division. Il se divise en 60 minutes, la minute en 60 secondes, la seconde en 60 tierces, la tierce se diviserait en 60 quartes, etc. Les heures se divisent et se marquent de même : on écrirait 17^h 34′ 13″ 42‴, par exemple.

Dans l'addition des tierces qui ont deux colonnes on peut retenir en deux fois, une fois par dix et une seconde fois par six, pour porter aux secondes; de même à la première colonne des secondes, on peut retenir par dix, et à la seconde par six, pour porter aux minutes, etc. : attendu qu'on peut regarder le degré comme composé de 6 dixaines de minutes, la minute comme composée de 6 dixaines de secondes, etc. Pour passer des sous aux livres monnaie, il y a une simplification de ce genre, c'est par 2 que l'on peut retenir.

La preuve de ces opérations se fait d'une manière analogue à celle de l'addition et soustraction des nombres entiers.

(61). Soit 28^{tt} 16^{s} 9^{d} à multiplier par 18^{t} 5^{p} 10^{p} 8^{l}. Pour convertir ces nombres en décimales de livre monnaie et de toise, je regarde les sous, les deniers comme des fractions de franc, ce sont de 20mes, des 140mes; et les pieds, pouces, lignes, comme des 6mes, des 72mes, des 864mes de toise. Je les convertis en décimales ((27)) avec le degré d'approximation que je veux, or:

16^{s} ou $\frac{16}{20} = 0^{\text{tt}},8$	5^{pi} ou $\frac{5}{6} = 0^{t},8333$
9^{d} ou $\frac{9}{240} = 0\ ,0375$	10^{po} ou $\frac{10}{72} = 0,1388$
$0^{\text{tt}},8375$	8^{li} ou $\frac{8}{864} = 0\ ,0092$
	$0^{t},9813$

Ce qui fait donc 28^{tt},8375 à multiplier par 18^{t},9813. Le produit est 547^{tt},373238875. Pour convertir ce nombre décimal en nombre complexe, on multipliera comme il est dit (63), la partie décimale par 20, ensuite par 12. Les deniers pourraient n'être par entièrement exacts à cause des décimales négligées.

(62), (63). *Nous prendrons trois ou quatre chiffres décimaux dans les calculs ci-dessous.*)

$$53^{t} = 53 \times 1^{m},949\ldots = 103^{m},297.$$

$$53_{t}\ 4^{pi}\ 7^{po}\ 9^{li} = 104^{m},800.$$

$$67^{m} = 67 \times 0,513\ldots = 34^{t},371 = 34^{t}\ 2^{pi}\ 2^{po}\ 8^{li},544.$$

$$67^{m},32 = 34^{t},53516 \times 34_{t}\ 3^{pi}\ 2^{po}\ 6^{li}\ ,37824.$$

La valeur d'un mètre convertie en nombre

complexe, donne :

$1^{m} = 0^{t},513074 = 3^{pi}\ 11^{ll},295936.$

(65) $15^{t.\ quarrées}\ 17^{pi\ q.}\ 123^{po.\ q} = 58^{m\ quar.},8601.$

$27^{mq.},35 = 7^{t\ q.}\ 7^{pi}\ 21^{po.},\ 127680.$

On se souviendra bien que pour tirer les 7 pieds quarrés, les 21 pouces quarrés des décimales de toise, c'est par 36 et 144 qu'il a fallu multiplier.

$143^{perches\ q.} = 73^{ares},0301.$

$24^{ares},43 = 47^{per.},83394.$

(66). $13^{t\ cubes}\ 134^{pi\ c.}\ 457^{po\ c.} = 100^{m.c},852371.$

$27^{m\ q},42 = 3^{t.c.},7017.$

Pour changer les décimales de toise cube en pieds cubes, pouces cubes, il faut multiplier par 216, ensuite par 1728, car une toise cube renferme 216 pieds cubes et le pied cube 1728 pouces cubes.

$243^{pintes} = 226^{litres},3059.$

$127^{litres} = 136^{pintes},3599.$

$17^{cordes\ de\ bois} = 65^{stères},263.$

$12^{stères} = 3^{cordes},12.$

(67). $67^{livres}\ 4^{onces}\ 5^{gros} = 32^{kill.},9375.$

$23^{kill.},46 = 47^{liv.}\ 14^{onces}\ 6^{gros},\ 283264.$

(68). $3453^{\#} = 3410^{f},\ 1828.$

$3452^{f} = 3495^{\#},\ 1500.$

Cette conversion des livres tournois en francs et réciproquement, ne sert pas dans le commerce. Celui qui devait 100 livres avant l'établissement du franc, paie 100 francs aujourd'hui.

On regarde le franc et la livre comme égaux ; mais on a continuellement à convertir des sous et deniers en francs et réciproquement. Soit 127^{tt} 13^{s} 5^{d} qu'on regarde comme 127^{f} 13^{s} 5^{d}, à convertir en francs et décimales de franc ; et ensuite 643^{f}, 37 à convertir en livres (ou francs), sous et deniers. Nous multiplions comme dans les autres conversions, 13^{s} par la valeur d'un sou en francs, qui est (68) $0^{f},05$ et 5^{d} par la valeur d'un denier qui est $0^{f}004166...$ ce qui donne :

$$127^{f},\ 13^{s}\ 5^{d} = 127^{f},6705.$$

Pour la conversion de $643^{f}37$, il n'y a qu'à changer les décimales de franc en sous et deniers, c'est-à-dire, (63), à multiplier par 20 et par 12, d'où.

$$643^{f}37 = 643^{f}\ 7^{s}\ 4^{d},\ 8.$$

Les mesures que nous avons considérées, étaient celles reconnues du Gouvernement. Mais chaque province, chaque ville et souvent chaque village avait encore ses mesures particulières. Au lieu d'entrer dans le détail de ces mesures, ce qui ferait des volumes et surchargerait la mémoire, nous dirons que celui qui habite un pays où l'ancienne livre n'est pas la livre poids de marc, que nous avons considérée, s'informe à sa commune du rapport de la livre du pays, soit avec la livre poids de marc, soit avec le kilogramme ; ou bien qu'il pèse lui-même bien exactement les étalons de cette ancienne livre avec une balance à kilogramme, et s'il a compris tout ce qui précède, il saura tirer de là la valeur de la livre de son pays en kilogrammes et celle du kilogramme en livre de son pays.

Problèmes.

(70). Le résultat est $\frac{50.12.8.4.3.25}{7.9.5.2.18}$.

On peut simplifier, car 50 peut se diviser par 5, il se réduit à 10, et 5 s'efface au dénominateur, (le numérateur et le dénominateur deviennent chacun 5 fois plus petit); 10 peut encore se diviser par 2 et 2 s'effacer au dénominateur, 12 et 18 se divisent, l'un et l'autre, par 6 et deviennent 2 et 3 etc., et l'on trouve :

$$\frac{5.2.8.4\ 25}{7\,9} = 126^{m},98.$$

(71). On peut avoir à chercher le nombre d'ouvriers, tout le reste étant connu :

$7^{ouv.}$	$9^{h.}$	$4^{larg.}$	$3^{pro.}$	50^{long}	$18^{jo.}$
x	8	5	2	65	25

J'écris $7^{ouv.}$ et je dis : si au lieu de travailler 9^{h}, ils ne travaillent qu'une heure ; il en faudra 9 fois plus, mais ils travaillent 8^{h}, il en faut 8 fois moins, ., et je trouve $\frac{7.9.5.2.65.18}{8.4.3\ 50,25}$. On s'implifiera et l'on divisera.

(72). S'il y a des fractions, ou des nombres complexes, ou des décimales comme

$7^{\text{ouv.}}$ $\left(9\frac{3}{4}\right)^{\text{h}}$ $4{,}32^{\text{larg.}}$ $(2^{\text{t}}\ 5^{\text{pi}})^{\text{prof.}}$ $55{,}6^{\text{long.}}$ $\left(18\frac{2}{3}\right)^{\text{jo.}}$

12 8 3,7 $(1^{\text{t}}\ 4^{\text{pi}}\ 7^{\text{po}})$ x $25\frac{1}{4}$

Réduisant en fractions (55), j'ai

$$7 \quad \frac{39}{4} \quad 4{,}32 \quad \frac{17}{6} \quad 55{,}6 \quad \frac{56}{3}$$

$$12 \quad 8 \quad 3{,}7 \quad \frac{127}{72} \quad x \quad \frac{101}{4}$$

$$\text{et } x = \frac{55{,}6 \times 12 \times 8 \times 4{,}32 \times \frac{17}{6} \times \frac{101}{4}}{7 \times \frac{39}{4} \times \frac{127}{72} \times 3{,}7 \times \frac{56}{3}}$$

faisant passer les dénominateurs,

$$= \frac{55{,}6 \times 12 \times 8 \times 4{,}32 \times 17 \times 101 \times 4 \times 72 \times 3}{7 \times 39 \times 3{,}7 \times 127 \times 56 \times 6 \times 4}$$

effaçant les virgules et compensant l'accroissement,

$$= \frac{556.12.8.432.17.101.4.72.3}{7.39.37.127.56.6.400}$$

On fera maintenant les simplifications, les multiplications et la division.

Le maître variera ces exemples.

(73). 1re portion $= \dfrac{2743 \times 3458}{11402} = 831^{\text{f}},89\ldots$

2me portion $= \dfrac{2743 \times 5700}{11402} = 1371{,}25\ldots$

3me portion $= \dfrac{2743 \times 2244}{11402} = 539{,}84\ldots$

On pourra faire la preuve en additionnant les

parties. Il doit manquer quelque chose à cause des décimales négligées.

(74). Les mises sont restées des temps inégaux:

3458 × 15^{mois} = 51870		1re portion =	621,13
5700 × 24 = 136800	2743,	2e =	1638,16
2244 × 18 = 40392		3e =	483,69
229062			

(75). Un marchand met 53 fr. le 14 mars 1834; un second se joint à lui met 48 fr. le 25 avril 1834; un troisième met 27 fr. le 3 août 1834; le premier marchand retire 7 fr. le 8 juin 1835; le second marchand ajoute 15 fr. le 13 janvier 1836; la société a gagné 50 fr. le 12 septembre 1836. Quelle est la portion du bénéfice qui revient à chacun? Le premier ayant retiré 7 fr., sa mise est 53 fr. seulement jusques au 8 juin 1835; depuis le 8 juin jusques à la fin elle est 53—7 ou 46 fr., ce qui fait deux mises pour le premier. Le second en a aussi deux. Il faut voir d'après les dates, le temps qu'est restée chaque mise; convertir le temps en jours, afin d'avoir des nombres entiers. Dans le commerce, les mois se comptent ordinairement tous de 30 jours, ce qui fait 360 jours pour l'année. Voici le calcul.

53^{f} restés	14^{m} 24^{j} ou 444^{jours}	23532		1er =	10,723
46	14 34 ou 454	20884			9,516
48	28 19 ou 239	41232	50	2e =	18,788
15	7 29 ou 239	3585			1,633
27	24 39 ou 759	20493		3e =	9,333
		109726			

(76). On a prêté 8363 fr., le 17 novembre 1834, quel est l'intérêt le 28 mars 1836? le temps est ici 13 jours + (1 + 12 + 2) mois + 28 jours = 15 mois + 41 jours = 491 jours. (L'année est de 360 jours). Nous écrirons:

100^f	360^j	5
8363	491	y

et nous aurons $\frac{5 \times 8363 \times 491}{100 \times 360} = 570,31$.

Si ce n'est qu'au 3 pour cent, nous aurons

$$\frac{3 \times 8363 \times 491}{100 \times 360} = 342,18.$$

Si l'on veut retirer l'intérêt et le capital on aura 8363 + 570,31 = 8933,31 dans le premier cas, et 8363 + 342,18 = 8705.18 dans le second.

Les hommes d'affaires ont souvent à régler des comptes comme celui-ci: un homme emprunte 6000 fr. le 18 août 1831, il apporte 1743 francs à son créancier le 12 septembre 1832; il lui paie encore 300 fr. le 25 mai 1833. Il emprunte de nouveau 628 fr. le 1er juillet même année, il paie 2000 fr. le 15 mars 1834, et il s'agit de régler le compte à la fin de 1835. On est dans l'usage de compter ainsi: on calcule ce qu'est devenue la somme 6000 francs au 12 septembre 1832, depuis le 18 août 1831, ce qui fait 12^{mois} 24^{jours} ou 384^{jours}. La somme sera $\frac{6000 \times 5 \times 384}{100 \times 360}$ + 6000 = 6320. On en retranche 1743 et la somme se réduit à 4577 que l'on regarde comme portant intérêt à partir de ce jour. Au second paiement, le 25 mai 1833, on règle encore. Il y a 7 mois 43 jours ou 253 jours. On retranche 300 fr. de l'état de la somme, et l'on regarde ce qui reste comme portant intérêt jusqu'à ce que le débiteur fasse un nouveau paiement, ou bien un nouvel emprunt. Dans ce dernier cas, au lieu de retrancher l'on ajoute au capital, ainsi de suite jusqu'à la fin,

Ce procédé, si l'on fait attention, n'est pas entièrement exact, car si c'est au milieu de l'année qu'on fait un paiement, on donne au créancier occasion de faire entrer en capital, l'intérêt de la moitié d'année écoulée, qui ne devrait point y entrer, si c'est à intérêt simple que l'on entend régler, et qui ne devrait y entrer qu'à la fin de l'année si c'est à intérêt composé. Si les paiements sont distants de plus d'une année, il y a de l'avantage pour le débiteur.

Pour opérer d'une manière rigoureusement exacte, il faudrait calculer séparément ce que devient la somme empruntée à la fin du temps total, calculer ce que deviendraient les paiements en supposant qu'ils fussent placés à intérêt le jour où ils se font, et retrancher les paiements et leurs intérêts de la somme et de son intérêt.

La règle d'intérêt trouve la somme que l'on

doit retirer, quand on connaît la somme prêtée. On peut avoir besoin de trouver la somme prêtée connaissant la somme à retirer. Cette dernière s'appelle la *règle d'escompte*. Que faut-il donner pour un billet de 864 fr. qui ne sera échu que dans 2 ans? Il faut donner une somme qui, placé à intérêt, deviendrait 864 fr. dans deux ans. La véritable manière de résoudre cette question consisterait à dire 100 fr. perdent 10 fr. combien perdront 864 fr.? C'est l'escompte *en dedans*. Mais l'usage surtout en France, est de prendre l'intérêt de la somme et de le retrancher. L'intérêt de 864 fr. pour 2 ans est 86,40 en le retranchant de 864 il reste 777,90. C'est l'escompte *en dehors*.

(78). Le second cas de la règle d'alliage peut aussi se résoudre d'une autre manière très-simple. Je dispose les prix comme l'on voit:

75		15 × 20
	60	
40		20 × 15

et je remarque qu'une bouteille de vin à 75 centimes, mise dans le tonneau pour être vendue 60 centimes, fait perdre 15 centimes: j'écris 15 vis-à-vis 75. Je remarque qu'une bouteille de 40 centimes fait gagner 20 centimes. J'écris 20 vis-à-vis 40. Il faudrait que le gain compensât la perte. C'est ce que l'on obtiendra en prenant 20 bouteilles du premier et 15 du second, car on a deux produits égaux 15×20 et 20×15 pour exprimer le gain et la perte. Le mélange renferme 35 bouteilles, réduisons-le à une. Il faudra rendre les quantités prises de chaque vin 35 fois plus petites : elles seront $\frac{20}{35}$ et $\frac{15}{35}$. Maintenant si l'on veut 100 bouteilles, on prendra 100 fois $\frac{20}{35}$ et $\frac{15}{35}$ pour avoir les quantités de vin à mettre de chaque qualité, ce qui fait $\frac{20}{35} \times 100 = 57\frac{5}{35}$ et $\frac{15}{35} \times 100 = 42\frac{30}{35}$ ou bien $57\frac{1}{7}$ et $42\frac{6}{7}$.

Composer un lingot de 17 grammes au titre de 0,82 avec de l'argent au titre de 0,95 et de 0,68. Pour former un seul gramme je trouve qu'il faut $\frac{14}{25}$ du premier et $\frac{11}{25}$ du second. Pour 17 il faudra $\frac{14}{25} \times 17 = \frac{238}{25} = 9^{\text{gram.}}\frac{13}{25}$, et $\frac{11}{25} \times 17 = \frac{187}{25} = 7^{\text{gram.}}\frac{12}{25}$.

Si au lieu de déterminer la quantité du mélange on détermine la quantité d'une des choses mélangées, comme s'il s'agissait de mettre du vin à 40 centimes dans un tonneau où il y a 100 bouteilles à 75 centimes, jusqu'à ce que le mélange ne vaille que 60 centimes la bouteille, cette seconde manière s'y applique très bien. Nous aurions comme ci-dessus $\frac{20}{35}$ du premier vin et $\frac{15}{35}$ de l'au -

tre pour faire une bouteille. Il faut maintenant multiplier ces deux quantités par un nombre qui change $\frac{20}{35}$ en 100 : nous l'obtiendrons en divisant 100 par $\frac{20}{35}$ ce qui donne $\frac{100 \times 35}{20}$. Nous en multiplions $\frac{15}{35}$ ce qui donne $\frac{100 \times 35}{20} \times \frac{15}{35}$ $= \frac{1500}{20} = 75$.

Ajouter de l'argent au titre de 0,64, à un lingot de 23 grammes au titre de 0,9, afin de réduire le titre à 0,8. La quantité à ajouter $= 23 \times \frac{26}{16} \times \frac{10}{26} = 14^{\text{gram.}} \frac{3}{8}$

Si l'on voulait mêler de l'eau au vin pour en diminuer le prix, ou à l'argent un métal qui est censé ne rien coûter, pour en abaisser le titre, on regarderait le prix de l'eau comme zéro et l'on calculerait comme ci-dessus.

MÉTHODE ABRÉGÉE

DE MULTIPLICATION,

(Indiquée par le jeune Sicilien).

Cette méthode est bonne pour exercer les enfants au calcul. Elle consiste à écrire tout de suite le résultat d'une multiplication.

Soit à multiplier 3487964
par 6753487

23555919530468

Pour rendre le procédé sensible, j'emploierai le moyen suivant. L'élève ou le maître chercheront la démonstration. Ils la trouveront en considérant quels sont les produits des chiffres qui tombent à la même place dans le produit total. Avec deux règles (de bois) enfermez la première colonne à droite : ensuite, faites marcher la règle à gauche d'un pas, de deux pas, etc., de manière à avoir successivement entre les règles $\begin{matrix}4\\7\end{matrix}$, ensuite $\begin{matrix}64\\87\end{matrix}$, ensuite $\begin{matrix}964\\487\end{matrix}$, etc., ce qui fera ce qu'on peut appeler des *quarés* ou mieux encore des *rectangles* de chiffres. Quand la règle gauche sera arrivée au bout, après avoir donné sept rectangles de chiffres, la règle droite, qui n'a pas encore bougé,

commencera à marcher à gauche, en donnant successivement les rectangles 348796 54879 5487
675348; 67534; 6753

etc. Maintenant un chiffre du produit, le quatrième, par exemple, s'obtient avec les *unités* du quatrième rectangle et les *dixaines* du troisième, y compris la *retenue* du troisième chiffre : de cette manière: le quatrième rectangle est 7964
5487,

ce que j'appelle ses unités c'est 2, 4, 2. 9, qui réuni fait 17 et que l'on obtient en multiplant 4 par 3, 6 par 4, 9 par 8, 7 par 7, et ne prenant que les unités des produits, savoir 2 de 12, 4 de 24, 2 de 72, etc. On additionne ces unités à mesure qu'on les obtient. L'élève doit s'habituer à les obtenir à vue sans prononcer le nom des chiffres, sans dire 3 fois 4 font 12. Il dit 2 en voyant les chiffres 3 et 4.

Le troisième rectangle est 964 Les dixaines de
487

ce rectangle, sont 1, qu'on obtient encore à vue de 16, 4 qu'on obtient de 48, 6 qu'on obtient de 63 et on les additionne aussi chemin faisant, en disant 1, 5, 11. On continue maintenant, en prenant, comme il a été dit, les unités du quatrième rectangle et disant 13, (en ajoutant à 11 les 2 unités de 3 fois 4); ensuite 17, en ajoutant 4 unités) ; ainsi de suite. Mais il faut encore qu'avant de faire les dixaines du troisième rectangle on sache la retenue du troisième chiffre, on le sait si on a fait les chiffres précédents.

Si le multiplicande a plus de chiffres que le multiplicateur, comme 87369632
427926;

quand la règle gauche est arrivée au bout du multiplicateur, pour faire le rectangle suivant, elle s'incline de manière à passer à gauche du 7 et du 4 et la règle droite fait de même, de manière à passer après le 3 et le 6. Pour le rectangle suivant, les règles s'inclineraient encore de manière à passer à gauche du 4 et du 8 et à droite du 6 et du 6. Ce sont alors non des rectangles, mais des *parallélogrammes* qui sont faits par les règles.

Après que les règles se sont inclinées autant qu'il faut, là règle de droite se met à marcher, en demeurant inclinée, et va joindre l'autre, en raccourcissant les parallélogrammes à chaque pas.

FIN.